# FORSCHUNGSBERICHTE DES LANDES NORDRHEIN-WESTFALEN

Herausgegeben durch das Kultusministerium

Nr. 820

Prof. Dr.-Ing. Herwart Opitz
Dipl.-Ing. Helmut Rohde
Dipl.-Ing. Wilfried König

Laboratorium für Werkzeugmaschinen der Technischen Hochschule Aachen

## Untersuchungen der Spanformung durch Spanbrecher beim Drehen mit Hartmetallwerkzeugen

Als Manuskript gedruckt

WESTDEUTSCHER VERLAG / KÖLN UND OPLADEN

1960

ISBN 978-3-663-03818-4  ISBN 978-3-663-05007-0 (eBook)
DOI 10.1007/978-3-663-05007-0

# Gliederung

Einleitung . . . . . . . . . . . . . . . . . . . . . . . . . . . . S. 5

1. Spanformen bei der Bearbeitung von Stahl mit Hartmetall-Drehwerkzeugen . . . . . . . . . . . . . . . . . . S. 5

2. Möglichkeiten zur Beeinflussung von Spanform und Spanablauf beim Drehen von Stahl mit Hartmetallwerkzeugen . . . . . . . . . . . . . . . . . . . . . S. 8

    2.1 Der eingeschliffene Spanbrecher . . . . . . . . . . . . . S. 9
    2.2 Der geklemmte Spanbrecher . . . . . . . . . . . . . . . S. 15

3. Die Spanraumzahl als Kennzahl . . . . . . . . . . . . . . . . S. 23

    3.1 Spanraumzahl und Verschleiß am Werkzeug . . . . . . . . S. 23

4. Verschleißverhalten der Werkzeuge mit Spanstufen . . . . . . . . . . . . . . . . . . . . . . . . S. 29

    4.1 Versuchsbedingungen . . . . . . . . . . . . . . . . . . S. 29
    4.2 Versuchswerkstoff . . . . . . . . . . . . . . . . . . . S. 30
    4.3 Versuchsergebnisse . . . . . . . . . . . . . . . . . . S. 32
        4.31 Werkstoff 16MnCr5 . . . . . . . . . . . . . . . . S. 32
        4.32 Werkstoff Ck 45 . . . . . . . . . . . . . . . . . S. 37
        4.33 Werkstoff C 60 . . . . . . . . . . . . . . . . . S. 38

5. Schnittkraftmessungen . . . . . . . . . . . . . . . . . . . . S. 39

6. Zusammenfassung . . . . . . . . . . . . . . . . . . . . . . . S. 44

7. Literaturverzeichnis . . . . . . . . . . . . . . . . . . . . S. 45

## Einleitung

Die hohe Verschleißfestigkeit und Warmhärte des Hartmetalls haben gegenüber Schnellarbeitsstahl eine mehrfache Steigerung der Schnittgeschwindigkeiten ermöglicht. In demselben Maße sind auch die Probleme und Schwierigkeiten gewachsen, die mit zunehmender Schnittgeschwindigkeit auftreten; das gilt insbesondere für die Beherrschung und Kontrolle der mit sehr hoher Geschwindigkeit ablaufenden Stahlspäne, die bei ungünstiger Form eine Gefahr für den Arbeiter darstellen und neben Beschädigungen von Werkzeug, Werkstück und Maschine zu Verzögerungen im Produktionsablauf führen können. Sehr oft werden die hervorragenden Eigenschaften des Hartmetalls gerade wegen des Späneproblems kaum voll ausgenutzt. Besonders im Hinblick auf den Einsatz der Oxydkeramik als Schneidstoff für extrem hohe Schnittgeschwindigkeiten werden in Zukunft noch weit höhere Anforderungen an die Beherrschung des Spanablaufes gestellt.

## 1. Spanformen bei der Bearbeitung von Stahl mit Hartmetall-Drehwerkzeugen

Beim Zerspanen der Metalle und ihren Legierungen unterscheidet man nach den entstehenden Spanformen zwischen kurz- und langspanenden Werkstoffen. Die erste Gruppe, in die sich alle spröden Werkstoffe einordnen, bietet hinsichtlich Spanform und Spanablauf weniger Schwierigkeiten, während bei der zweiten Gruppe, zu der praktisch alle Stähle zählen, bei freiem Spanablauf und den heute üblichen Schnittgeschwindigkeiten vorwiegend lange, ununterbrochene Späne auftreten.

In Abbildung 1 sind die wesentlichsten Spanformen für die Stahlbearbeitung zusammengestellt, wie sie sich beim Drehen des Einsatzstahles 16MnCr5 ergeben haben. Es konnte festgestellt werden, daß die im Bild angegebenen Spanformen mit geringen Abwandlungen bei allen langspanenden Werkstoffen auftreten.

Unter Verwendung eines normal angeschliffenen Drehwerkzeuges ohne Spanstufe ergeben sich in fast allen Fällen Spanformen nach 1) und 2). Der lang ablaufende Bandspan bildet sich vorwiegend bei größeren Spanquerschnitten. Der Wirrspan entsteht bei mittleren und kleineren Vorschüben oder bei geringem Kolkverschleiß auf der Spanfläche. Die übrigen Spanformen 3-11 entstehen nur bei Anwendung spanformender Hilfsmittel. Den Übergang vom Wirrspan zu dem unter 4 dargestellten langen Wendelspan bilden

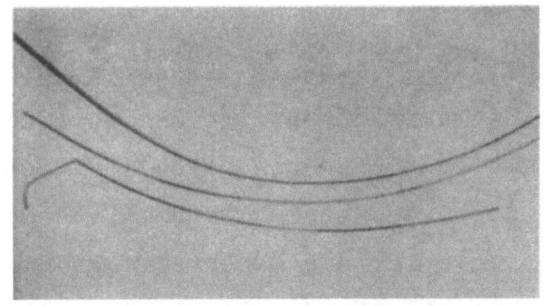 Bandspan

 Wirrspan

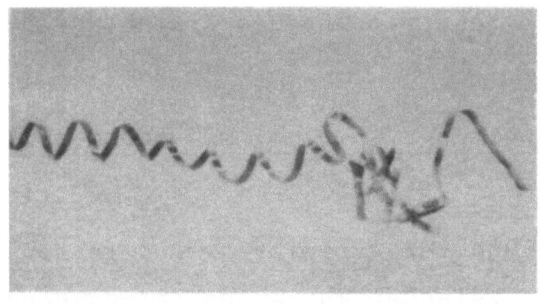 Wendel mit Wirrspan

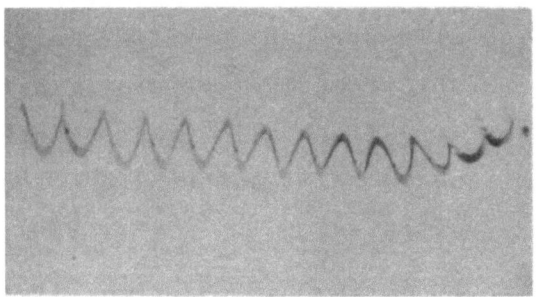 Weit gerollte Wendel

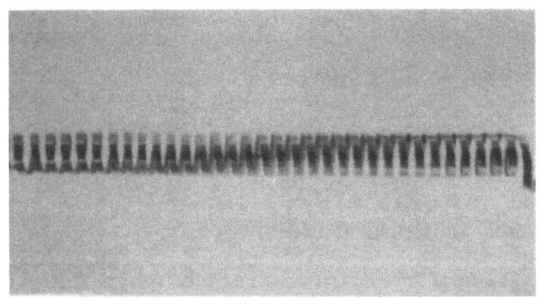 eng gerollte Wendel

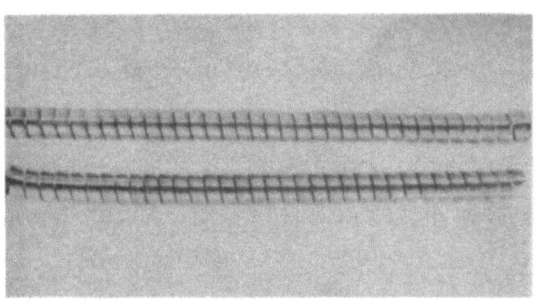 ineinandergerollte Wendel

 kurze Wendel

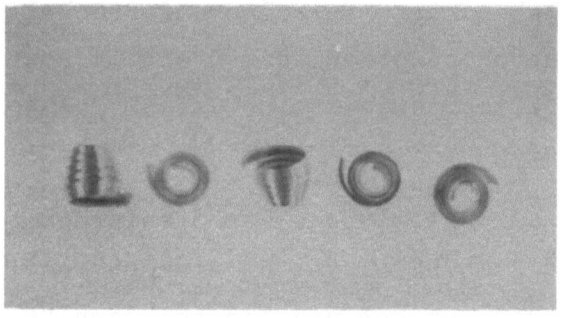 kegelige Spirale

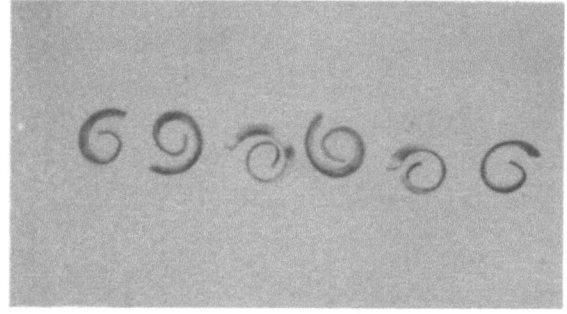 weite Spirale

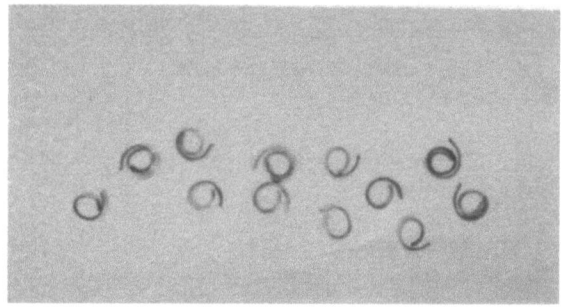 enge Spirale

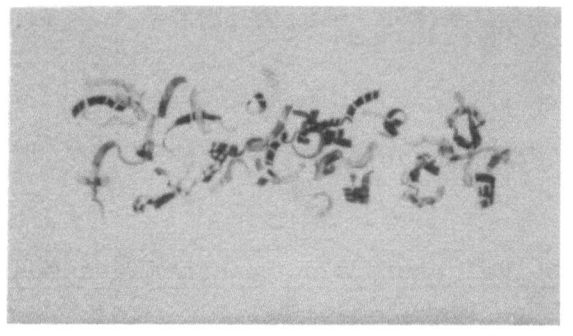 Spanlocken

Abbildung 1
Spanformen beim Drehen von Stahl 16 Mn Cr 5

Wirrspäne mit Wendelansätzen. Die reinen Wendel selbst fallen als eng oder weit gerollte Wendel an und können sich außerdem in der Größe der Wendelsteigung unterscheiden.

In die Gruppe der kurzbrechenden Späne gehören zunächst die kurzen Wendelstücke. Die Spiralspanformen lassen sich unterteilen in eng, weit und kegelig gerollte Spiralen. Bei großen Vorschüben oder zu kleinen Spanstufenbreiten entstehen kurze Spiralen und Bröckelspäne, die an der Werkstückoberfläche gebrochen werden, das Drehbild beschädigen und von der Schnittstelle wegspritzen und so eine Gefahr für den Bedienenden der Maschine darstellen.

Aus den umfassenden Zusammenstellungen der Spanformen, die von SCHALLBROCH [1], LANG [2] und HEMSCHEIDT [3, 4] stammen, soll nachfolgend eine vereinfachte Tabelle herausgezogen und hierbei nach "brauchbar" und "günstig" unterschieden werden.

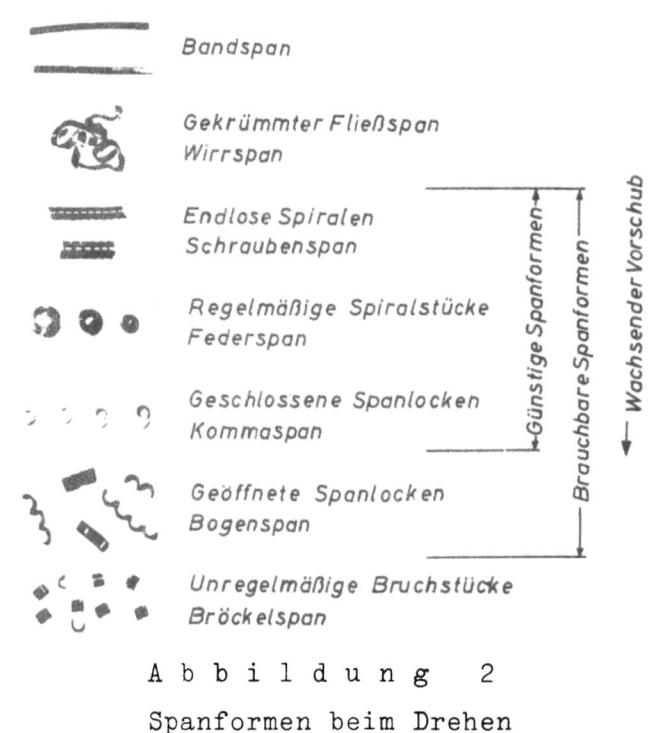

Abbildung 2
Spanformen beim Drehen

## 2. Möglichkeiten zur Beeinflussung von Spanform und Spanablauf beim Drehen von Stahl mit Hartmetallwerkzeugen

Als gangbare Wege zur Lösung des Spanproblems bieten sich grundsätzlich zwei Möglichkeiten an:

Erstens eine Spanformung durch Spanleitstufen oder Spanbrecher, wie es HEMSCHEIDT [3, 4] und HENRIKSEN [5, 6, 7, 8] vorschlagen.

Zweitens läßt sich die Spanform durch Variation des Verhältnisses Spantiefe / Vorschub beeinflussen, wie es TEN HORN und SCHÜRMANN [9] angeben. Sie gingen von der Tatsache aus, daß an ebenen Spanflächen des Drehmeißels mit zunehmendem Vorschub s bei gleicher Spantiefe a die Krümmung des Spanes zunimmt. Bei den Untersuchungen von TEN HORN und SCHÜRMANN ließen sich für einen Spanwinkel von $\gamma = 4°$ für alle untersuchten Stähle durch Änderung des Vorschubes die gewünschten kurzgebrochenen Späne erzielen. Hierfür veröffentlichte TEN HORN ein Gebrauchsnomogramm.

Diese Methode hat den Vorteil, daß sie unabhängig von einem Spanbrecher und allgemeingültig ist, jedoch den Nachteil, daß die gewünschte Spanform nur durch Beeinflussung des Vorschubes erzwungen werden kann, was praktisch nicht oft durchführbar ist.

Die folgenden Betrachtungen über die Spanformen beim Drehen sollen sich nur auf die Anwendung einer eingeschliffenen Spanstufe und die Normalform eines geklemmten Spanbrechers beziehen.

## 2.1 Der eingeschliffene Spanbrecher

Der gebräuchlichste Spanbrecher besteht aus einer Stufe, die in die Spanfläche eingeschliffen wird. In Abbildung 3 sind der freie Spanablauf bei Verwendung eines Werkzeuges ohne Spanstufe und die Spanformgebung bei Verwendung einer Spanstufe dargestellt. Die Spanstufe hat primär die

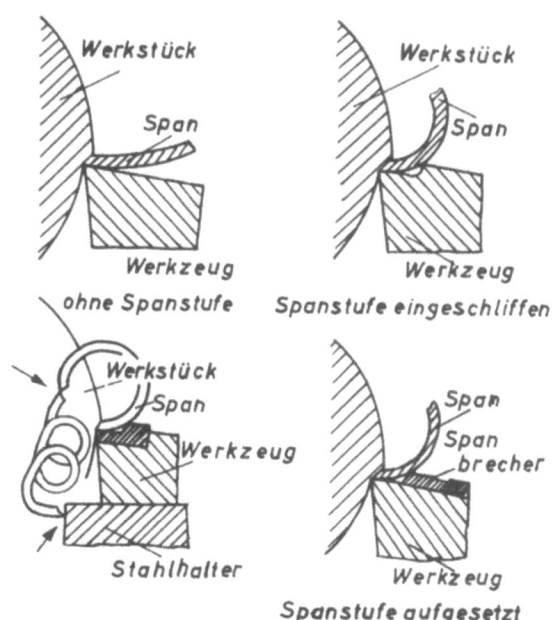

A b b i l d u n g   3

Spanablauf am Hartmetall-Drehwerkzeug mit und ohne Spanstufe (nach HENRIKSEN)

Aufgabe, den Span zu biegen oder zu rollen. Das Abbrechen des Spanes erweist sich als sekundärer Effekt; der abfließende Rollspan stößt gegen ein Hindernis und bricht infolge seiner Sprödigkeit durch die Biegebeanspruchung. Spanablauf und -form hängen weitgehend von der geometrischen Form der Spanstufe ab. Die Spanstufe kann entweder parallel zur Schneidkante oder unter einem positiven oder negativen Öffnungswinkel eingeschliffen oder als Hohlkehle ausgebildet sein (Abb. 4).

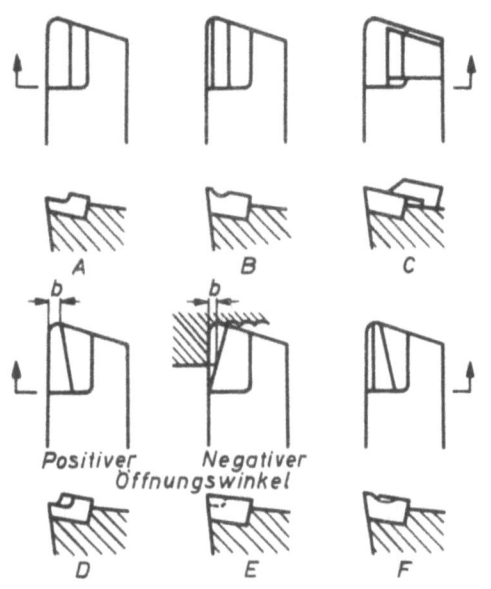

A: Spanstufe parallel zur Schneidkante eingeschliffen

B: Spanstufe parallel zur Schneidkante als eine Hohlkehle (Kolk) eingeschliffen

C: Aufgeklemmter Spanbrecher parallel zur Schneidkante

D: und E: Eingeschliffene Spanstufe mit positivem oder negativem Öffnungswinkel

F: Spanleitstufe als Kehlentyp mit positivem Öffnungswinkel

A b b i l d u n g   4

Spanstufenformen (nach HENRIKSEN)

Die eingeschliffene Spanstufe wird gewöhnlich durch zwei Hauptabmessungen gekennzeichnet: Die Spanstufenbreite b und die Spanstufenhöhe h. Richtwerte für die Breite der Spanstufe bei konstanter Höhe h in Abhängigkeit von Schnittiefe a und Vorschub s sind in Tabelle 1 zusammengefaßt.

T a b e l l e   1

Spanstufenbreite b in Abhängigkeit von der Schnittiefe a und dem Vorschub s für eine Spanstufenhöhe h = 0,5 mm [10]

| Schnittiefe a | Vorschub s (mm/U) | | | | |
|---|---|---|---|---|---|
| mm | 0,2 | 0,32 | 0,4 | 0,5 | 0,8 |
| 1,0 - 2,4 | 1,0 - 1,2 | 1,4 - 1,8 | 1,7 - 2,1 | 2,0 - 2,5 | 3,1 - 4,7 |
| 2,5 - 7,4 | 1,1 - 1,4 | 1,6 - 2,0 | 1,9 - 2,4 | 2,2 - 2,9 | 3,7 - 5,2 |
| 7,5 - 19 | 1,2 - 1,5 | 1,8 - 2,2 | 2,2 - 2,7 | 2,5 - 3,5 | 4,4 - 6,0 |

In den meisten Fällen ist es ausreichend, die Spanstufenbreite als ein bestimmtes Vielfaches (4 - 6 mal Vorschub) anzuschleifen. Die Spanstufenhöhe kann für die üblichen Stahlsorten zu h = 0,5 mm gewählt werden.

Demgegenüber legt HENRIKSEN seinen Ausführungen über Spanstufenabmessungen den Krümmungsradius des abfließenden Spanes zu Grunde. Dieser Radius ist durch den an einen Spanbrecher einzubeschreibenden Kreis bestimmt (Abb. 5). Da der Spanfließkreis nur von der Breite und Höhe beeinflußt wird, ergeben sich durch Variation der beiden Werte dieselben Durchmesser der Spanfließkreise. Zwischen den Abmessungen des Spanbrechers und dem Biegeradius des Spanes besteht die geometrische Beziehung:

$$f = \frac{b^2}{2h} + \frac{h}{2}$$

HENRIKSEN hat den Einfluß der geometrischen Form der Spanleitstufe auf die Spanform systematisch untersucht und die Versuchsergebnisse in Form von Zahlentabellen und Diagrammen zusammengestellt, die als Richtlinien für die Praxis dienen sollen.

Der Spanablauf wird jedoch von sehr vielen Faktoren beeinflußt, wie z.B. von Vorschub, Einstellwinkel, Schnittiefe, Schnittgeschwindigkeit und dem Werkstoff (Abb. 6).

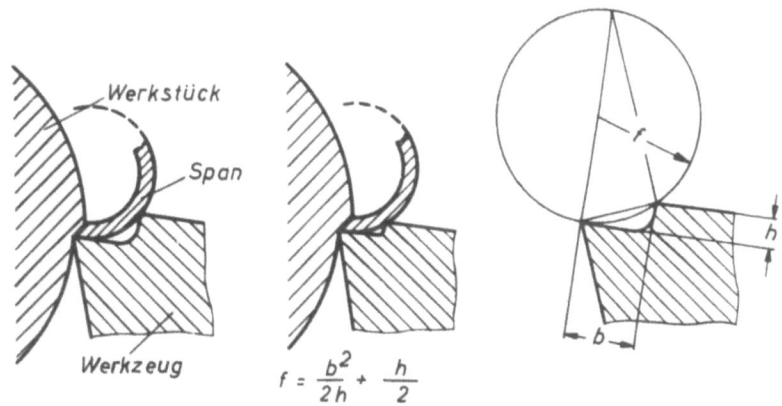

A b b i l d u n g   5

Kopenhagen-Formel: Geometrische Beziehungen zwischen den Abmessungen des Spanbrechers und dem Biegeradius

f = Spanfließkreisradius
b = Spanstufenbreite
h = Spanstufenhöhe

In Abbildung 7 sind für den Einsatzstahl 16MnCr5 die erzielten Spanformen in Abhängigkeit vom Vorschub bei konstanten Spanstufenabmessungen dargestellt. Zu den Bildern muß erwähnt werden, daß für die Versuche lediglich Drehmeißel mit frisch angeschliffener Schneide verwendet wurden ($\varkappa = 45°$, $\gamma = 10°$). Für diesen Schneidenzustand ergeben sich die ungünstigsten Spanformen, während mit zunehmendem Verschleiß auf der Spanfläche durch Auskolkung z.T. günstigere Verhältnisse vorliegen, worauf später noch eingegangen wird.

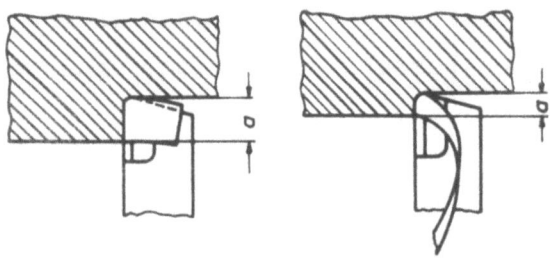

Spanablauf bei unterschiedlicher Spantiefe a

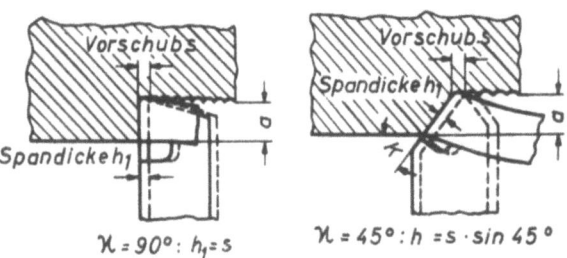

A b b i l d u n g   6

Spanablauf bei unterschiedlicher Spantiefe und verschiedenem Einstellwinkel (nach HENRIKSEN)

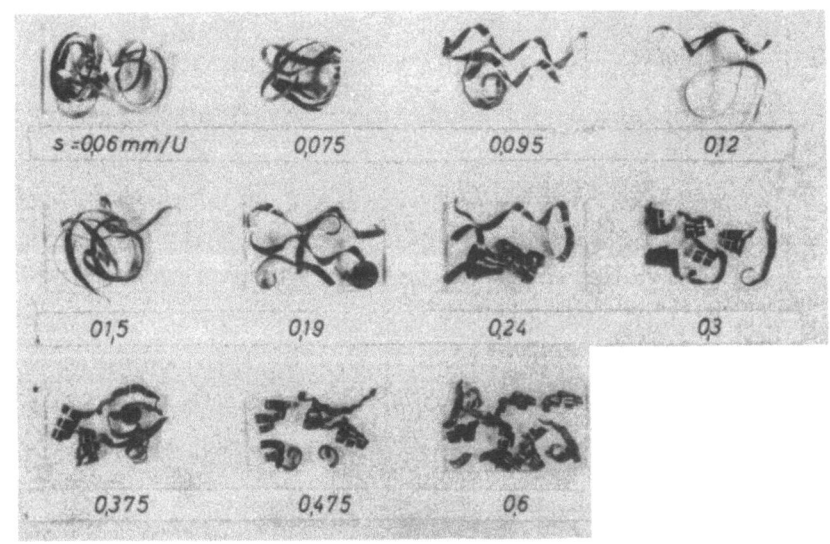

A b b i l d u n g   7

Spanformen in Abhängigkeit vom Vorschub

Werkstoff: 16MnCr5; Schneidstoff: L 2; Spanstufe: b=2,0 mm  h=0,5 mm
v=150 m/min; a=2 mm

Unter Berücksichtigung der oben angegebenen Einflußgrößen lassen sich für jede Kombination der Schnittbedingungen die Maße b und h einer Spanstufe, durch die der ablaufende Span gekrümmt wird, bestimmen. HENRIKSEN gab weiterhin Gebrauchsdiagramme für die empirisch gefundenen Zusammenhänge zwischen den erwähnten Einflußgrößen und den Maßen b, h und f an, wobei aber diese Diagramme für jeden Werkstoff gesondert aufgestellt werden müssen.

Wie die Abmessungen einer Spanstufe nach HENRIKSEN bestimmt werden, geht aus den folgenden Nomogrammen (Abb. 8, 9 und 10) hervor. Ausgehend vom wirklichen Vorschub s wird über den Einstellwinkel $\varkappa$, die Schnittgeschwindigkeit v und die Spantiefe ein "modifizierter" Vorschub s' ermittelt. Für verschiedene Werkstoffgruppen mit unterschiedlichem Festigkeitsbereich ermittelte HENRIKSEN die Abhängigkeit des "modifizierten" Vorschubes vom Spanfließkreisradius f, wobei die Bereiche der "günstigen" und "brauchbaren" Spanformen eingezeichnet sind. Für den ermittelten Vorschub s' wird dann für den Bereich der gewünschten Spanformen der Spanfließkreisradius ermittelt und entsprechend der oben angegebenen Formel bzw. dem unteren Diagramm in Abbildung 9 die Breite und Höhe der Spanstufe festgelegt. Dabei muß eine der Angaben, meistens die Höhe, zur Bestimmung der anderen vorgewählt werden.

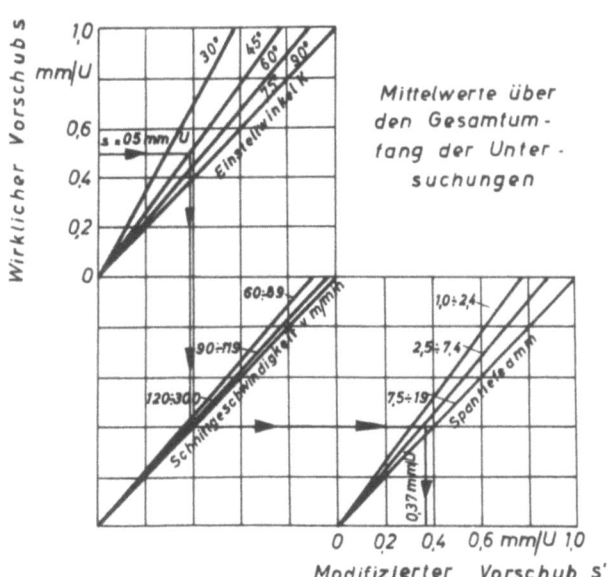

Abbildung 8

Ermittlung des "modifizierten" Vorschubes s' aus wirklichem Vorschub s, Einstellwinkel $\varkappa$, Schnittgeschwindigkeit v und Spantiefe a

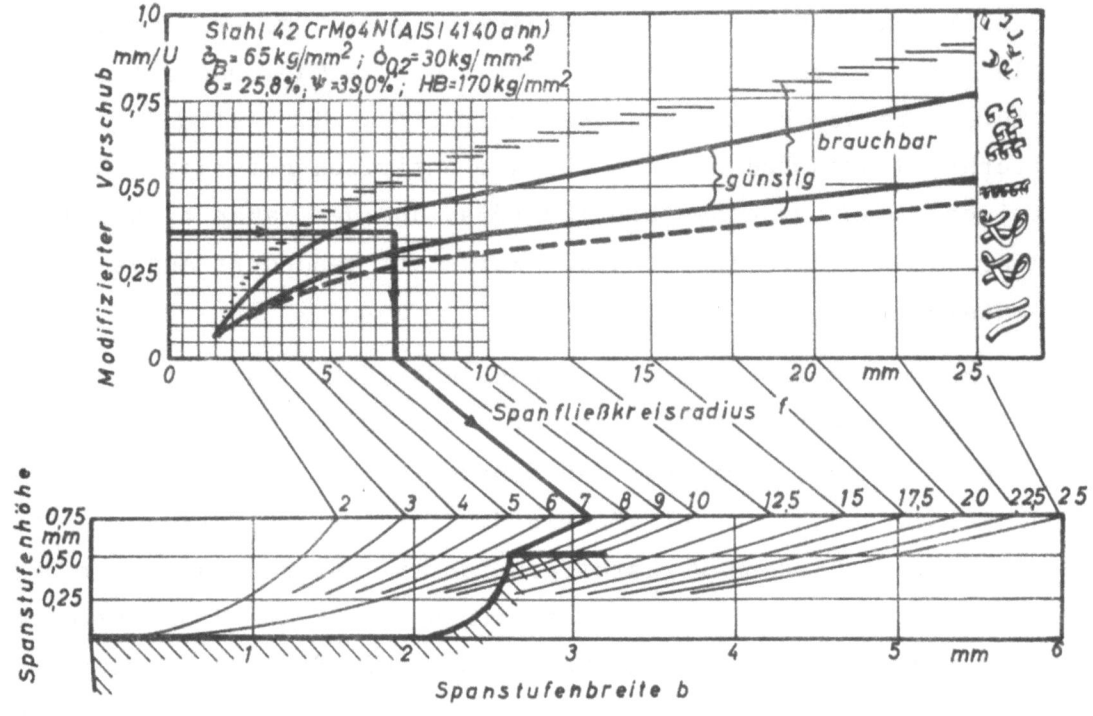

Abbildung 9

Ermittlung der Spanstufenabmessungen aus "modifiziertem" Vorschub s'
und Spanfließkreisradius f für Stahl 42 CrMo 4 (nach HENRIKSEN)

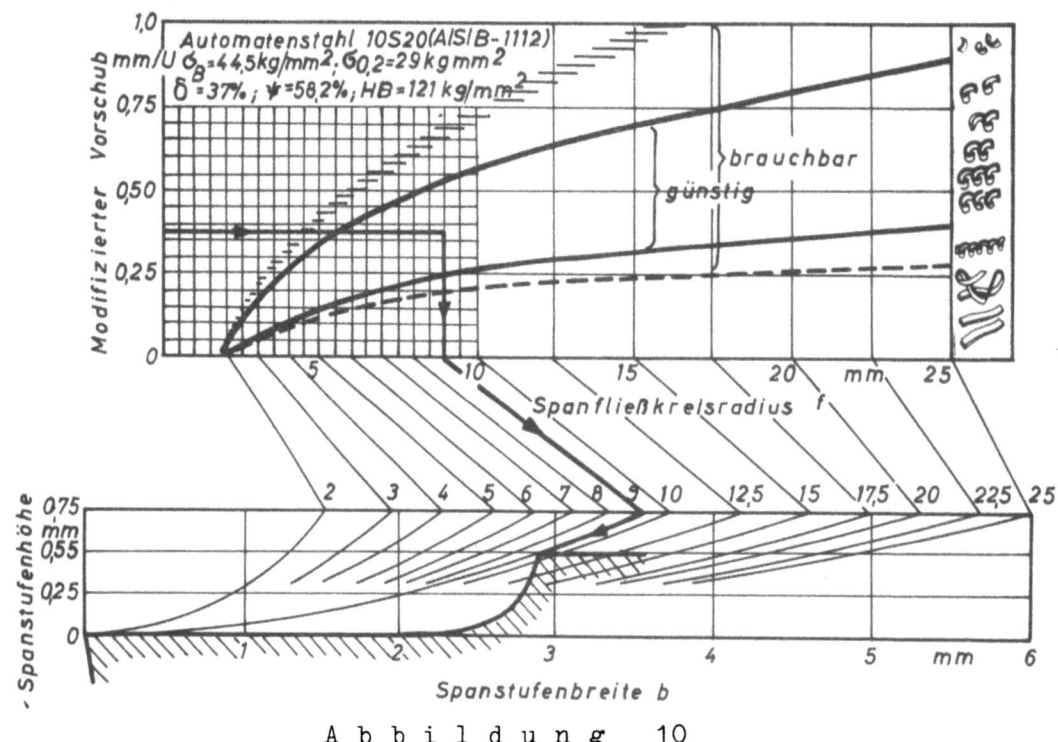

Abbildung 10

Ermittlung der Spanstufenabmessungen für Automatenstahl
(nach HENRIKSEN)

In einem Beispiel ergeben sich somit für die Bearbeitung eines Vergütungsstahles 42 CrMo 4 bei Verwendung eines Vorschubes s = 0,5 mm/U, eines Einstellwinkels ϰ = 45°, einer Schnittgeschwindigkeit v = 100 m/min und einer Spantiefe a = 3 mm folgende Spanstufenabmessungen: Breite b = 2,6mm; Höhe h = 0,5 mm. Hierbei werden Feder-, bzw. Kommaspäne entstehen. Sollen diese Spanlocken weiter geöffnet sein, so müßte die Spanstufe verbreitert werden.

Die Bereiche der günstigen und brauchbaren Spanformen sind bei verschiedenen Werkstoffen unterschiedlich in ihrer Breite. Entsprechend verändern sich die Abmessungen der Spanstufe, was in Abbildung 10 für einen Automatenstahl dargestellt ist. Der Bereich der günstigen und brauchbaren Spanformen erstreckt sich über einen wesentlich größeren Vorschubbereich als beim Stahl 42 CrMo 4. Diese Tatsache ist für die Bearbeitung des Automatenstahles erwünscht.

Eine eingeschliffene Spanleitstufe besitzt jedoch einige Nachteile, nämlich:

1. beim Schleifen der Spanbrechernute geht ein Teil des Hartmetalles verloren;
2. das Schleifen kostet Zeit und viel Schleifmaterial;
3. eine eingeschliffene Spanstufe ist wegen ihrer festen Abmessungen in ihrer Wirkung auf einen engen Vorschubbereich begrenzt.

Aus diesem Grund werden heute vielfach geklemmte Spanbrecher vorgezogen.

## 2.2 Der geklemmte Spanbrecher

Die angeführten Nachteile bestehen bei einem geklemmten oder aufgesetzten Spanbrecher nicht. Im Gegensatz zum eingeschliffenen Spanbrecher geht kein Hartmetall durch das Einschleifen einer Spanbrechernut verloren, und außerdem ist der Wiederanschliff einfacher und billiger. Die geklemmten Spanbrecher sind meist an ihrer Vorderkante gehärtet oder besitzen eine Hartmetallauflage. Ebenso wie beim eingeschliffenen Spanbrecher läßt sich auch hier der Spanfließkreisradius bestimmen.

Aus Abbildung 11 lassen sich folgende Gleichungen herleiten:

$$b_K = f_K \cdot \text{tg } \beta/2$$

$$f_K = b_K \cdot \text{ctg } \beta/2$$

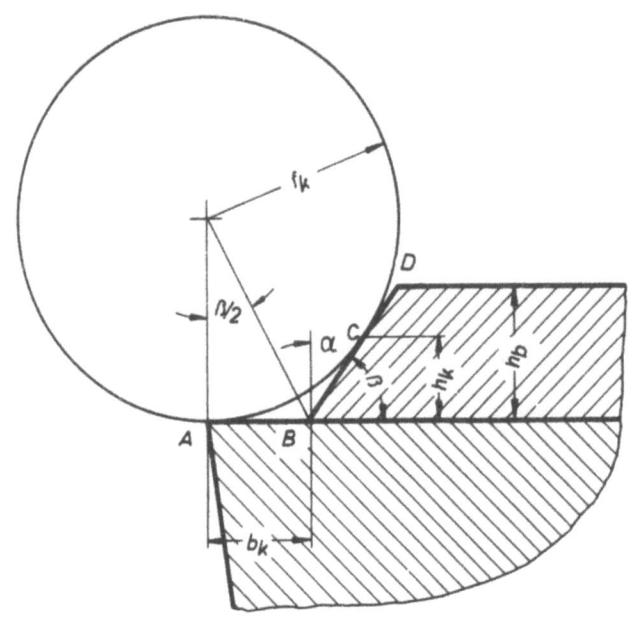

Abbildung 11

Geometrie des geklemmten Spanbrechers (nach HENRIKSEN)

$h_b$ = Blockhöhe  $\alpha$ = Neigungswinkel

$h_k$ = Kontakthöhe  $\beta$ = Rückenwinkel

Mit Hilfe der Ungleichung

$$h_b \gtreqless 2 f_K \cdot \sin^2 \beta/2$$

kann festgestellt werden, ob der Spanbrecher einen Spankreis zu bilden in der Lage ist. Es muß nämlich die Linie BD Tangente an den Spankreis sein. Im Grenzfalle fallen die Punkte C und D zusammen. In diesem Falle ergibt sich:

$$b = \frac{(b_K + h_b \cdot \operatorname{ctg} \beta)^2}{2 h_b} + \frac{h_b}{2}$$

Neben der Breite $b_K$ der Spanstufe ist der Rückenwinkel $\beta$ für die anfallende Spanform ausschlaggebend. Ein zu flacher Spanbrecher wird eine ungenügende Krümmung des Spans hervorrufen, während bei einem zu großen Rückenwinkel $\beta$ des Spanbrechers dieser einer zu starken Beanspruchung durch den ablaufenden Span ausgesetzt ist. Ein Rückenwinkel von 90° ist abzulehnen, da die Rückenkante infolge der hohen Beanspruchung leicht ausbricht. Als günstiger Bereich kann nach zahlreichen Versuchen ein

Rückenwinkel zwischen 50° und 55° angegeben werden. Die nachfolgenden Versuche wurden alle mit einem Winkel von 55° durchgeführt.

Für 8 Vergütungsstähle, 2 Einsatzstähle, einen warmfesten Werkstoff, einen Automatenstahl und einen ferritischen Stahl wurden Nomogramme für günstige Spanformen in Abhängigkeit vom Vorschub und der Spanstufenbreite $b_K$ aufgestellt (Abb. 12 a bis l). Für die Versuche wurden jeweils frisch angeschliffene Drehmeißel verwendet. Die Schneidengeometrie und die Schnittbedingungen sowie der Werkstückdurchmesser $d_w$ sind auf den einzelnen Nomogrammen angegeben. Die Höhe des Klemmstückes wurde so groß gewählt, daß bei allen untersuchten Vorschüben die Kontakthöhe $h_k$ (Abb. 11) des abfließenden Spanes innerhalb der Neigungsfläche liegt, d.h. daß der Span in keinem Falle über die Rückenkante abläuft.

Unter Benutzung der in Abbildung 13 angegebenen Größen und der angegebenen Formeln sind die Nomogramme durch eine Umrechnung über den Spanfließkreisradius auch auf die eingeschliffene Spanstufe anwendbar. In den Abbildungen 12 a bis l werden zwei Spanformbereiche unterschieden. Der günstige Bereich liegt innerhalb der durchgezogenen Linien. Die entsprechenden Spanformen sind in der rechten Diagrammhälfte im Auslauf des als günstig bezeichneten Bereiches aufgezeichnet und gelten für den gesamten Bereich. Die innerhalb der unterbrochenen Linien liegenden Spanformen sind als "brauchbar" anzusprechen. Grundsätzlich ist an Hand der Nomogramme der große Einfluß des Vorschubes auf die Spanform zu erkennen. Mit zunehmendem Vorschub wird für alle Werkstoffe eine größere Spanstufenbreite erforderlich. Für kleine Vorschübe wird bei fast allen untersuchten Werkstoffen das Gebiet der als günstig zu bezeichnenden Spanform eingeengt.

In Tabelle 2 sind die Festigkeitswerte der untersuchten Werkstoffe unter Angabe der für einen Vorschub von s = 0,3 und 0,4 mm/U günstigen Spanstufenbreiten $b_K$ zur Erzielung einer brauchbaren Spanform angeführt. Es zeigt sich, daß für einen bestimmten Vorschub der Stahl von höherer Festigkeit eine kleinere Spanstufenbreite erfordert.

In Abbildung 14 ist das Ergebnis graphisch dargestellt. Die beiden Felder geben für Vorschübe von s=0,3 und s=0,4 mm/U den Bereich der Spanstufenbreite $b_k$ an, mit dem noch brauchbare Spanformen erzielt werden können. Die Meßpunkte geben die aus den Nomogrammen ermittelten Bestwerte für die Spanstufenbreite $b_k$ bei einem Vorschub von 0,4 mm/U an. Man erkennt, daß mit zunehmender Festigkeit $\sigma_B$ die Wahl der Spanstufenbreite zur

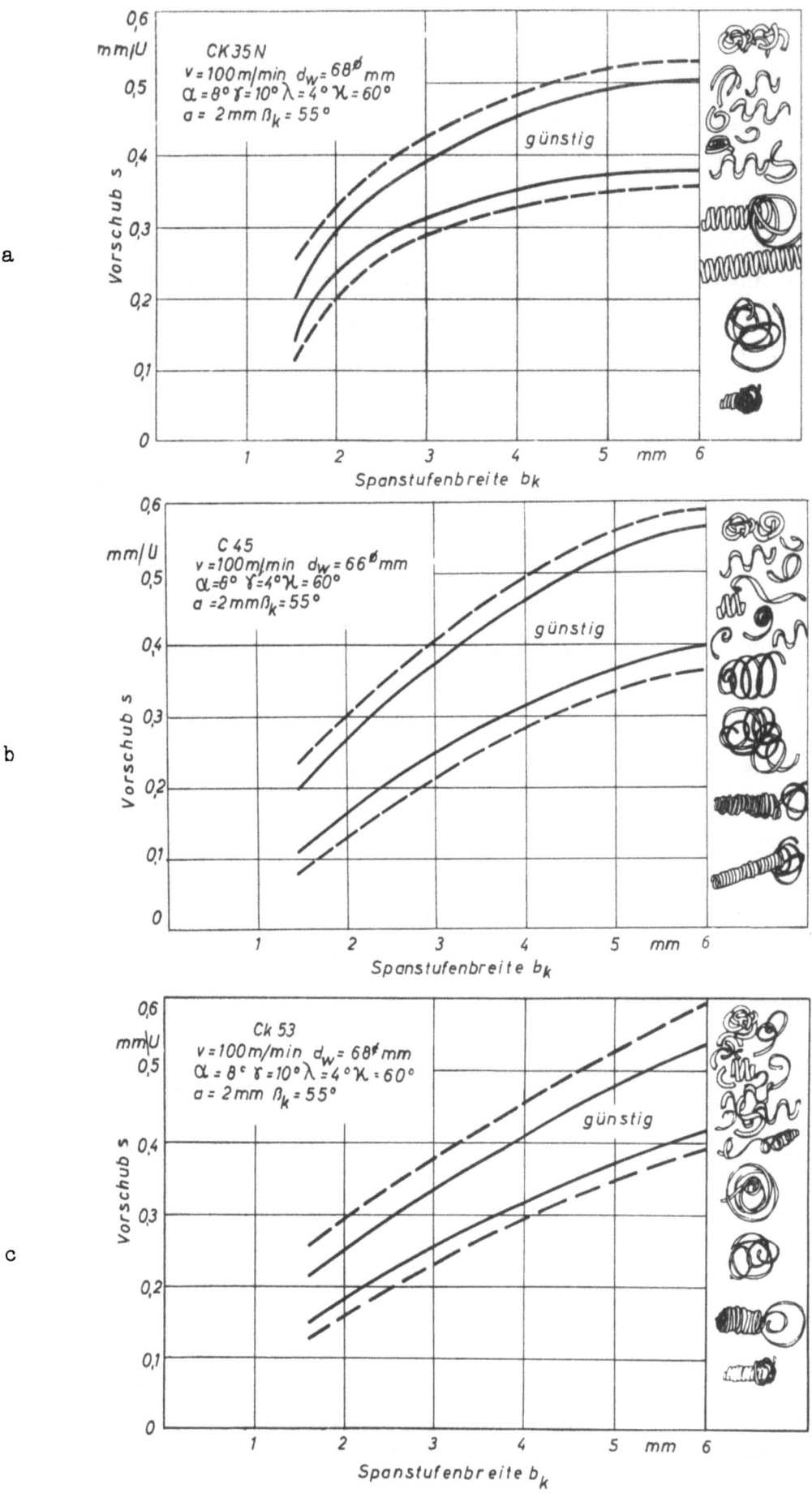

Abbildung 12 a bis c

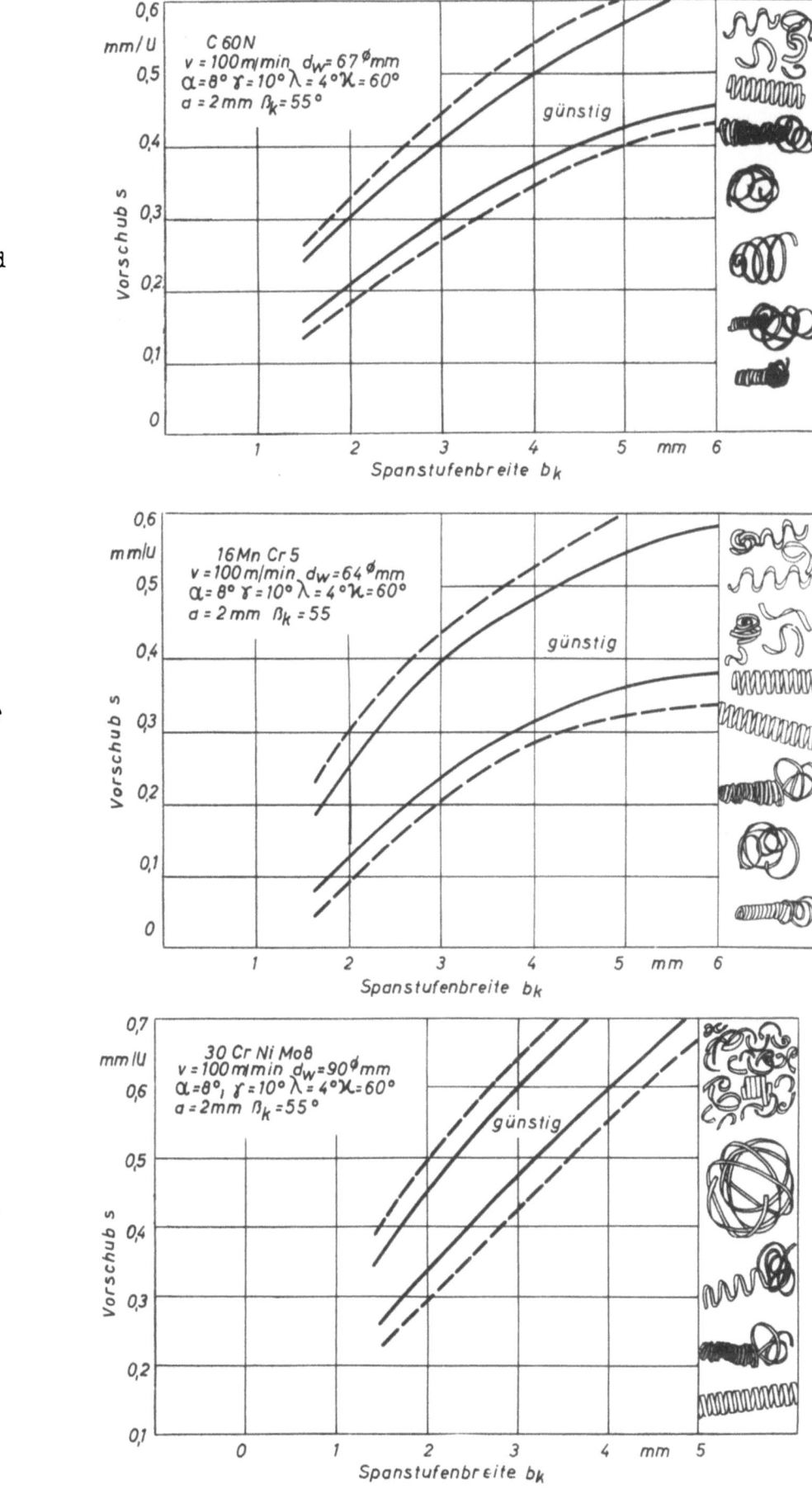

Abbildung 12 d bis f

g
h
i

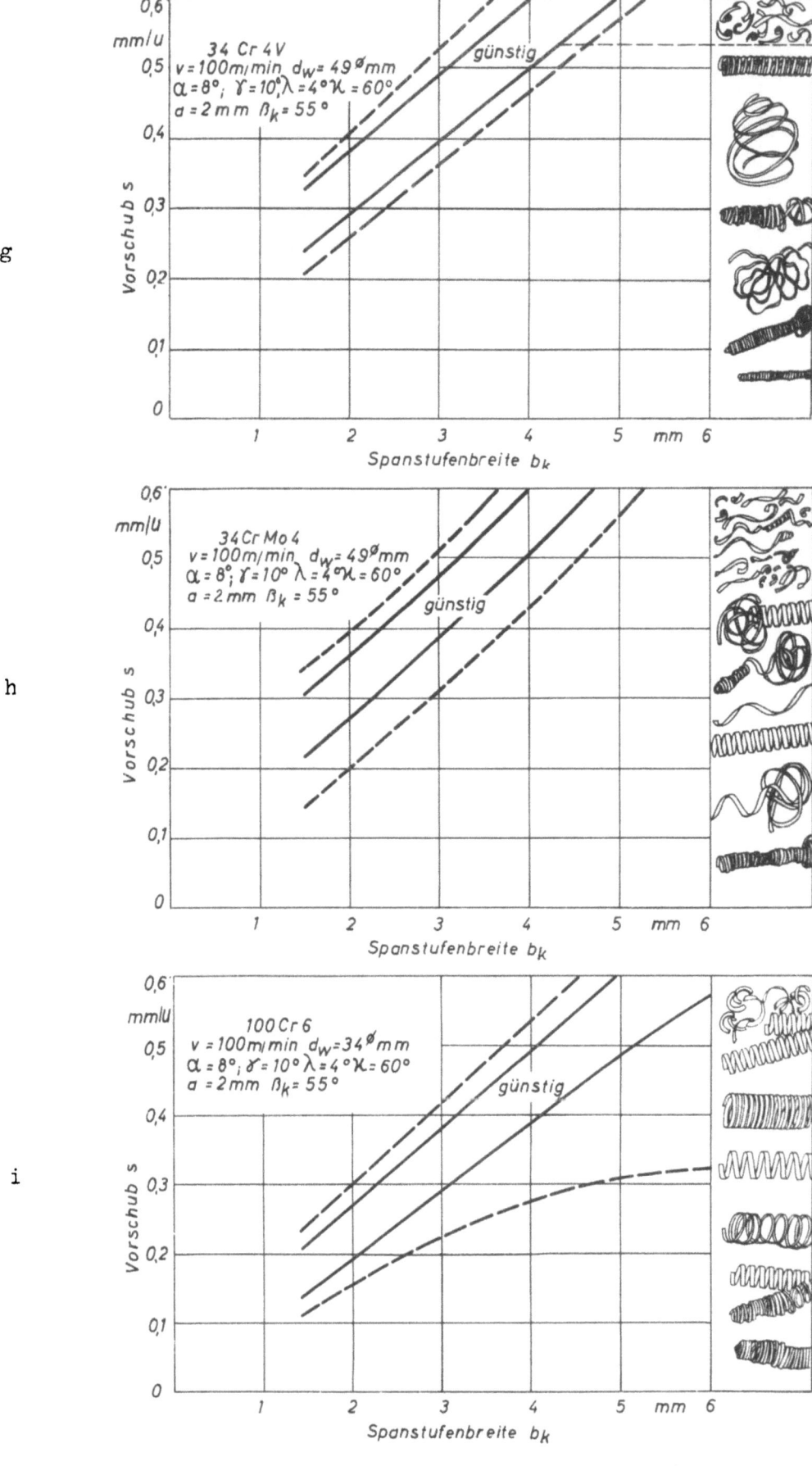

Abbildung 12 g bis i

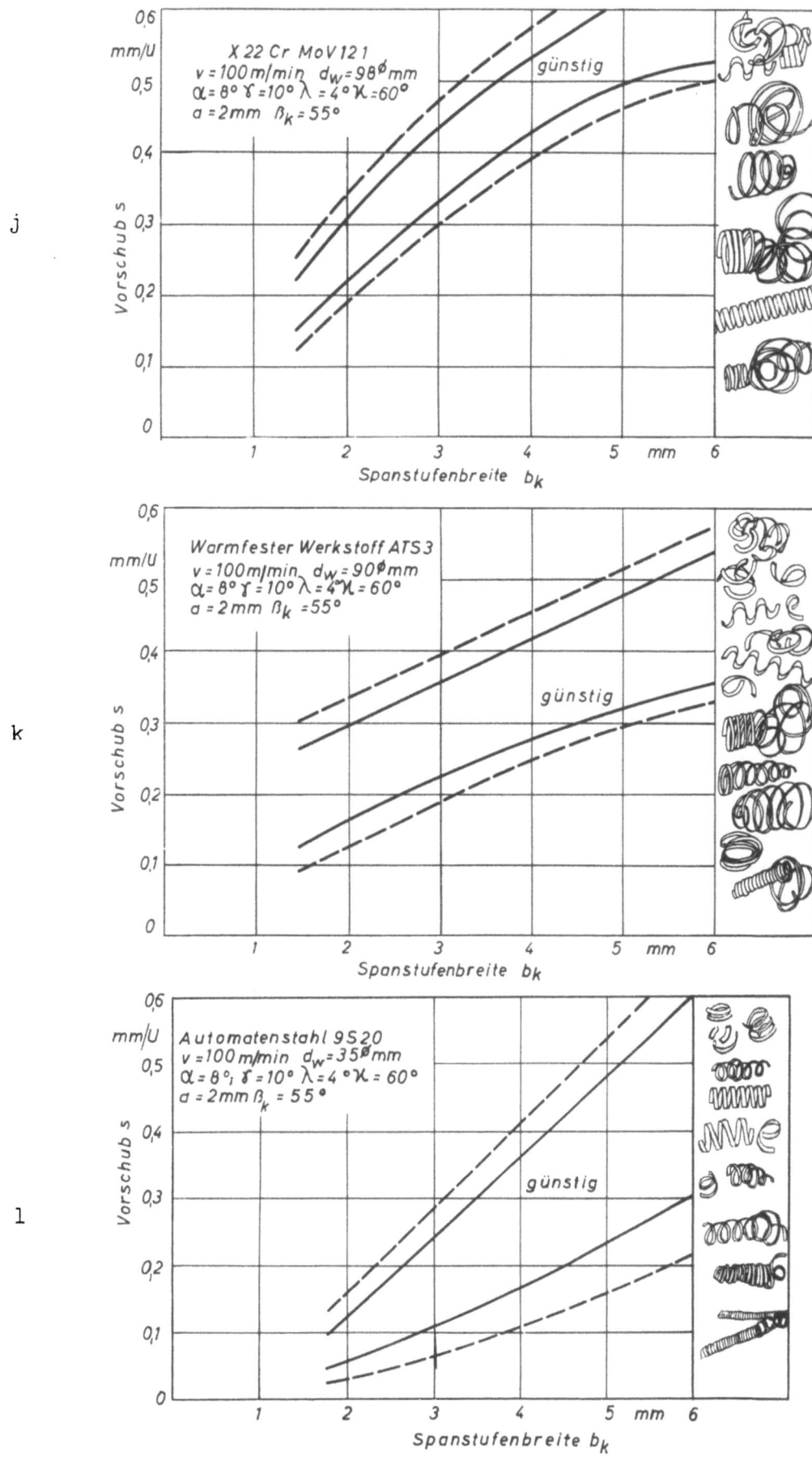

A b b i l d u n g   12 a bis l
Ermittlung der Spanstufenabmessungen beim geklemmten Werkzeug für verschiedene Stähle

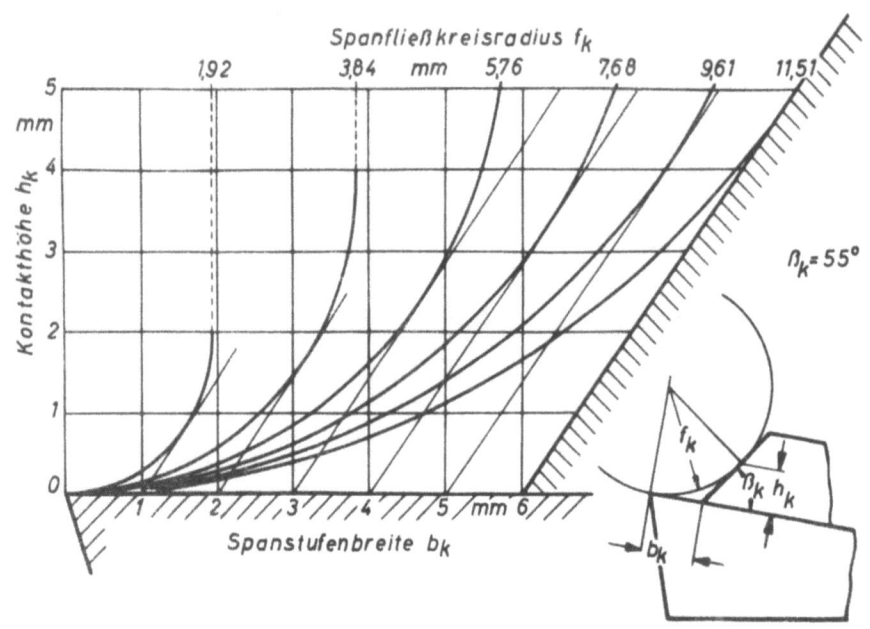

**A b b i l d u n g  13**

Zusammenhang zwischen Spanfließkreisradius, Spanstufenbreite und Kontakthöhe

**T a b e l l e  2**

Spanstufenbreite $b_k$ für verschiedene Werkstoffe bei einem Vorschub von $s = 0,3$ und $0,4 \frac{mm}{U}$

| Werkstoff | Zugfestigkeit $\sigma_B$ $kg/mm^2$ | Spanstufenbreite $b_k$ (mm) $s$ mm/U = | |
|---|---|---|---|
| | | 0,3 | 0,4 |
| CK 35 N | 60 | 2,0 - 2,7 | 3,1 - 6,0 |
| C 45 | 70 | 2,2 - 3,7 | 3,3 - 6,0 |
| Ck 53 | 70 - 72 | 2,5 - 3,7 | 3,9 - 5,6 |
| C 60 N | 76 | 2,0 - 3,0 | 3,0 - 4,4 |
| 16MnCr5 | 59 | 2,3 - 3,8 | 3,0 - 6,0 |
| 30CrNiMo8 | 105 | 1,1 - 1,7 | 1,7 - 2,4 |
| 34Cr4V | 90 | 1,2 - 2,0 | 2,3 - 3,2 |
| 34CrMo4 | 84 | 1,5 - 2,2 | 2,1 - 3,2 |
| 100Cr6 | 68 - 69 | 2,2 - 3,1 | 3,1 - 4,1 |
| X22CrMoV12 1 | 80 | 2,0 - 2,7 | 2,7 - 3,6 |
| ATS 3 | 62 - 63 | 2,0 - 4,4 | 3,7 - 6 |
| 9S20 | 50 | 3,4 - 5,5 | 4,3 - 6 |

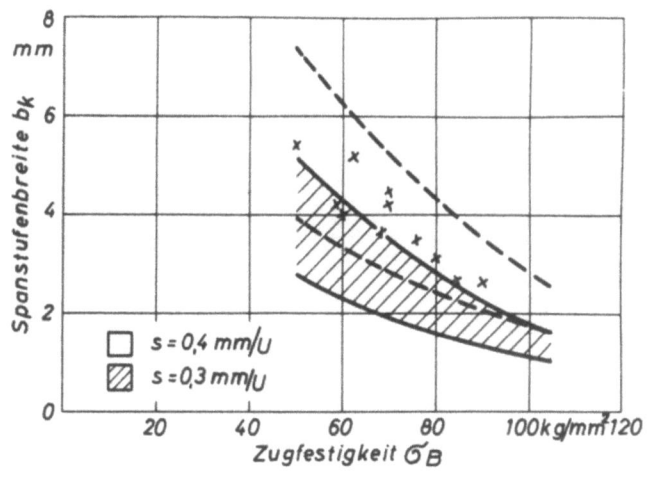

Abbildung 14

Spanstufenbreite $b_k$ in Abhängigkeit von der Zugfestigkeit

Erzielung einer brauchbaren Spanform eng begrenzt wird. Ein Vorschubwechsel ist bei größeren Zugfestigkeiten $\sigma_B$ nur dann möglich, wenn auch die Spanstufenbreite entsprechend verändert wird, falls noch günstige Spanformen erzielt werden sollen.

### 3. Spanraumzahl als Kennzahl

Im Hinblick auf die wirtschaftliche Spanlagerung und Spanabtransport ist das Einheitsraumgewicht der Späne von Bedeutung. Als Kennziffer für die Art der Späne gilt die Spanraumzahl R. Sie ist definiert als das Verhältnis: Raumbedarf einer ungeordneten Spanmenge (Volumen) zum Volumen des festen (zu zerspanenden) Werkstoffes, wobei völlig ungebrochene Späne je nach Werkstoff ein Volumenverhältnis von $R = 80 \div 100$ und höher besitzen, gut gebrochene dagegen eines von $R = 3 \div 15$.

### 3.1 Spanraumzahl und Verschleiß am Werkzeug

In Verbindung mit Standzeituntersuchungen, deren Ergebnisse nachfolgend angeführt werden, wurden die Spanraumzahlen bei der Bearbeitung verschiedener Werkstoffe mit Drehmeißeln unterschiedlicher Spanstufenabmessungen ermittelt.

In Abbildung 15 ist die Spanstufenbreite b in Abhängigkeit von der Spanraumzahl nach 20 min Drehzeit bei der Bearbeitung von Stahl 16MnCr5 aufgetragen. Man erkennt, daß mit größer werdenden Spanstufenabmessungen die Spanraumzahl ansteigt, d.h. die Spanformen ungünstiger werden.

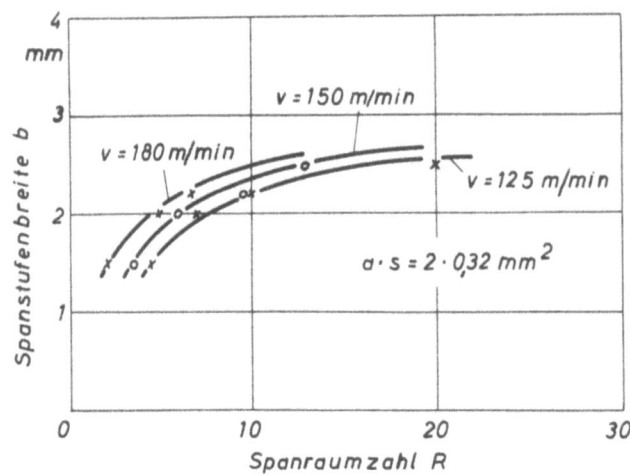

A b b i l d u n g   15

Spanstufenbreite b in Abhängigkeit von der Spanraumzahl R nach 20 min Drehzeit. Werkstoff: 16MnCr5; $\alpha = 8°$; $\gamma = 10°$; $\lambda = 4°$; $\varkappa = 45°$; $r = 0,5$ mm

Spanstufenhöhe: h = 0,5 mm

Weiterhin ist ersichtlich, daß bei gegebener Spanstufenabmessung mit steigender Schnittgeschwindigkeit die Spanraumzahl abfällt, d.h. daß der Spanbruch von der Schnittgeschwindigkeit abhängig ist; bei gleichen Spanstufenabmessungen bricht der Span um so besser, je höher die Schnittgeschwindigkeit gewählt wird. Zu denselben Ergebnissen führten auch Untersuchungen mit Klemmstahlhaltern. Die Abbildungen 16 und 17 zeigen für einen Klemmstahlhalter die Abhängigkeiten der Spanform und damit auch der Spanraumzahl von den Spanstufenabmessungen und der Schnittgeschwindigkeit.

Der Spanablauf ist, solange kein Spanflächenverschleiß in Form einer Auskolkung auftritt, durch die Abmessungen der Spanstufe gegeben. Sobald der Verschleiß auf der Spanfläche auftritt, wird der Spanablauf in wesentlichem Maße von den Verschleißgrößen beeinflußt. Bei stark kolkenden Werkstoffen übernimmt u.U. schon nach sehr kurzen Drehzeiten der Kolk allein die Spanformung. Abbildung 18 zeigt die Abhängigkeit der Verschleißmarkenbreite (unterbrochener Kurvenzug) und der Kolktiefe von der Drehzeit und die Veränderung der Spanform mit zunehmender Schnittzeit bei Stahl C 60. Die Spanraumzahl nimmt gemäß der vorliegenden Spanformen von R = 10 auf 3,7 ab.

Der Werkstoff 16MnCr5 zeigt gegenüber C 60 nur geringen Kolkverschleiß. Demgemäß ändern sich auch die entstehenden Spanformen gegenüber C 60, wie in Abbildung 19 gezeigt wird.

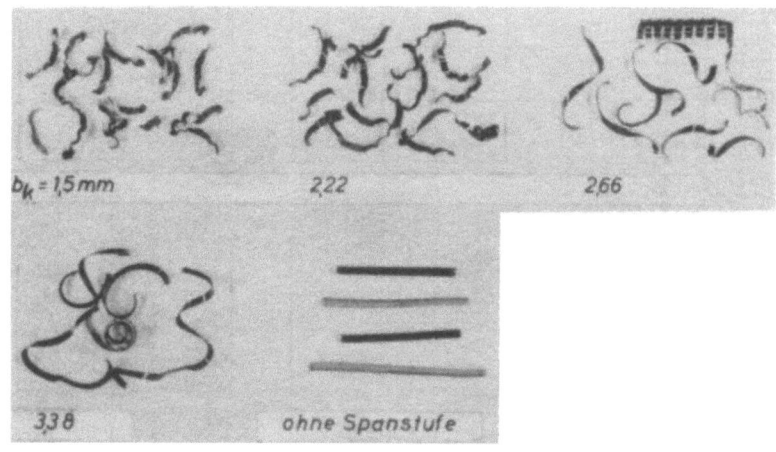

**A b b i l d u n g   16**

Spanformen in Abhängigkeit von der Spanstufe

Werkstoff: 16MnCr5; Schneidstoff: P 20; Vorschub: s = 0,32 mm/U; Spantiefe: a = 2 mm; Schnittgeschw. v = 180 m/min; Drehzeit: T = 11 min

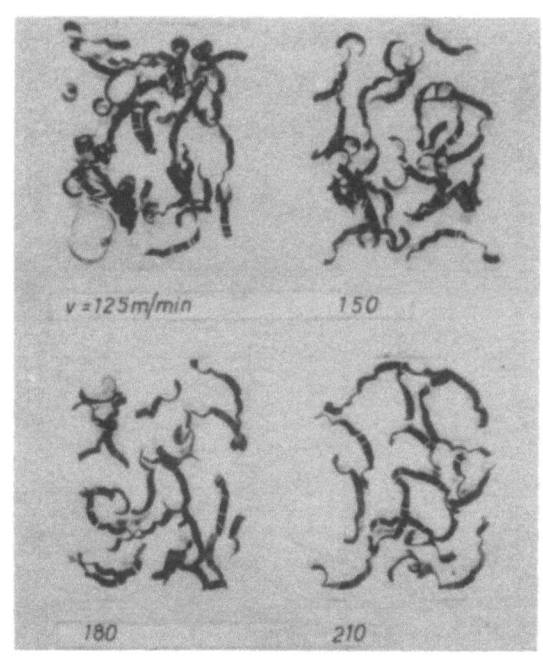

**A b b i l d u n g   17**

Spanformen in Abhängigkeit von der Schnittgeschwindigkeit

Schneidstoff: P 20; Werkstoff: 16MnCr5; Spanstufe: $b_k$ = 2,22 mm; $\beta_k$ = 55°
s = 0,32 mm/U; a = 2 mm; T = 8 min

Für einen Vergütungsstahl Ck 45 sind in Abbildung 20 die Spanraumzahl in Abhängigkeit von der Drehzeit bei verschiedenen Spanstufenabmessungen dargestellt. Das Diagramm bestätigt die obigen Ausführungen über Spanformen in Abhängigkeit vom Verschleiß. Es zeigt, daß die Spanraumzahlen

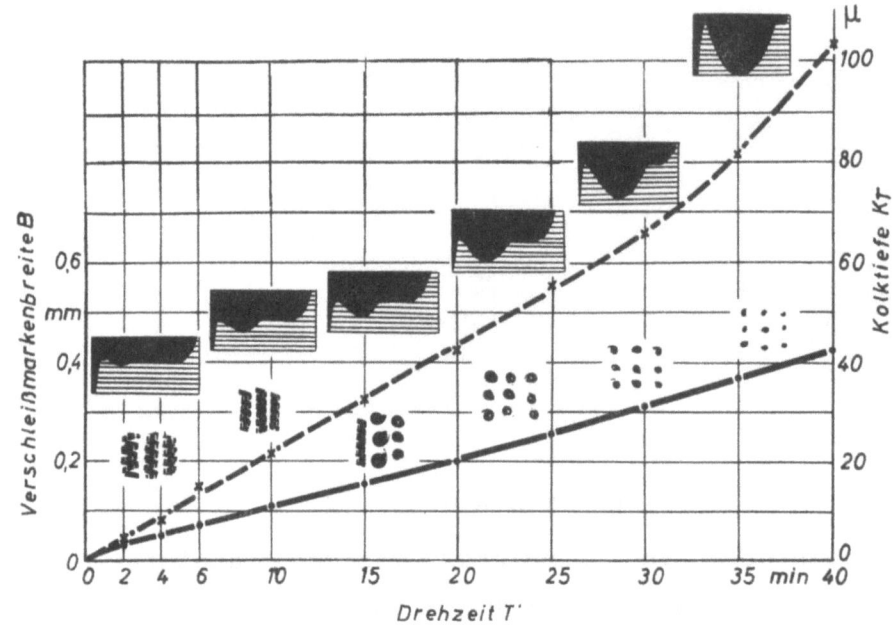

Abbildung 18

Verschleiß und Spanformen in Abhängigkeit von der Drehzeit bei Stahl C 60
Werkstoff: C 60 N; Werkzeug: Hartmetall P 20; $\alpha = 8°$; $\gamma = 10°$; $\lambda = + 4°$;
$\varkappa = 45°$; $\varepsilon = 90°$; $r = 0,5$ mm; Spanstufe: b = 2,2; h = 0,5 mm; Spantiefe:
a = 2 mm; Vorschub: s = 0,32 mm/U; Schnittgeschwindigkeit v = 100 m/min

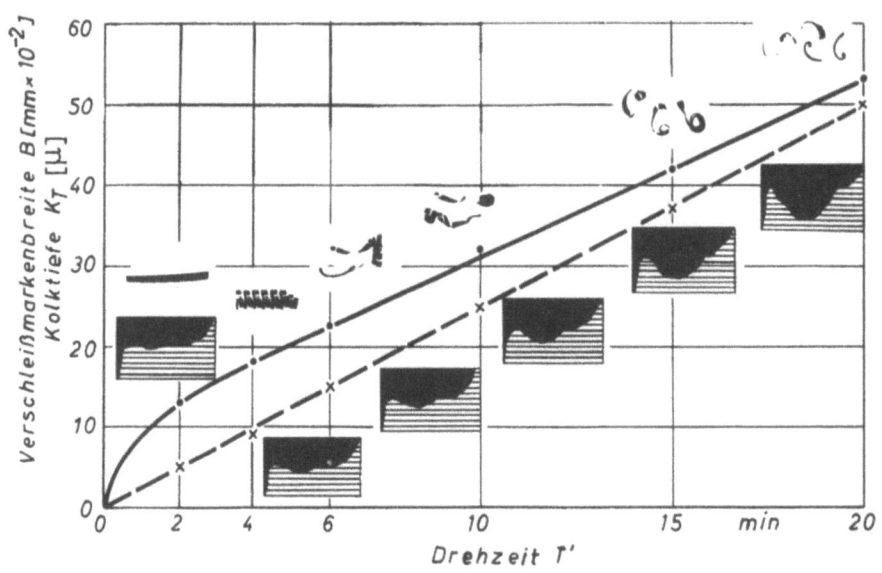

Abbildung 19

Verschleiß und Spanformen in Abhängigkeit von der Drehzeit
bei Stahl 16MnCr5

Werkstoff: 16MnCr5; Werkzeug: Hartmetall P 20 $\alpha = 8°$; $\gamma = 10°$; $\lambda + 4°$;
$\varkappa = 45°$; $\varepsilon = 90°$; $r = 0,5$ mm; Spanstufe: b = 2,2 mm; h = 0,5 mm; Spantiefe: a = 2 mm; Vorschub: s = 0,32 mm/U; Schnittgeschw.: v = 180 m/min

mit der Drehzeit und damit mit dem Kolkverschleiß für alle Spanstufenbreiten abfallen. Mit größeren Drehzeiten, d.h. mit ansteigendem Kolkverschleiß verliert die Spanstufe ihre Funktion als spanformendes Element. Das geschieht um so eher, je stärkeren Kolkverschleiß der Werkstoff zeigt.

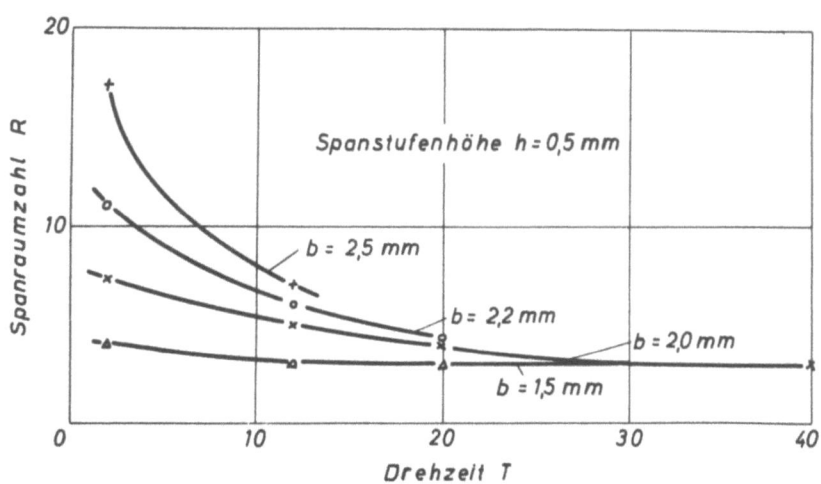

A b b i l d u n g   20

Spanraumzahl R in Abhängigkeit von der Drehzeit T

Werkstoff: Ck 45; $\alpha = 8°$; $\gamma = 10°$; $\lambda = 4°$; $\varkappa = 45°$; $r = 0,5$ mm;
$a \cdot s = 2 \cdot 0,32$ mm$^2$; $v = 120$ m/min

Aus diesen Untersuchungen geht hervor, daß der Spanablauf nur zu Beginn der Bearbeitung durch die Abmessungen der Spanstufe und des daraus resultierenden Spanfließkreisradius gegeben ist. Mit zunehmendem Verschleiß auf der Spanfläche übernimmt die Auskolkung im wesentlichen die Spanformung. Abbildung 21 zeigt den möglichen Spanablauf bei einem stark und einem weniger stark kolkenden Werkstoff. Der theoretische Spanfließkreisradius $f_1$ (nach HENRIKSEN) tangiert Schneid- und Rückenkante der Spanstufe; tatsächlich berührt der Span das Werkzeug jedoch nicht punktförmig, sondern auf einer Kontaktfläche. Er wird deshalb nach Verlassen dieser Kontaktfläche stärker gebogen, wodurch der Spanfließkreisradius auf $f_2$ reduziert wird. Bei einem stark kolkenden Werkstoff stellt sich nach einer bestimmten Drehzeit ein Kolkverschleiß ein. Im Bild ist zu erkennen, daß durch den Kolk der Span stärker gebogen wird entsprechend einem Fließkreisradius $f_3$ und im Extremfall sogar die Spanstufenkante nicht mehr berührt. Die Verhältnisse sind der besseren Anschaulichkeit halber stark vergrößert eingezeichnet.

Im Bild rechts ist das Verhalten bei einem wenig kolkenden Werkstoff dargestellt. Der Span läuft mit dem Radius $f_2$ über die Spanstufenkante,

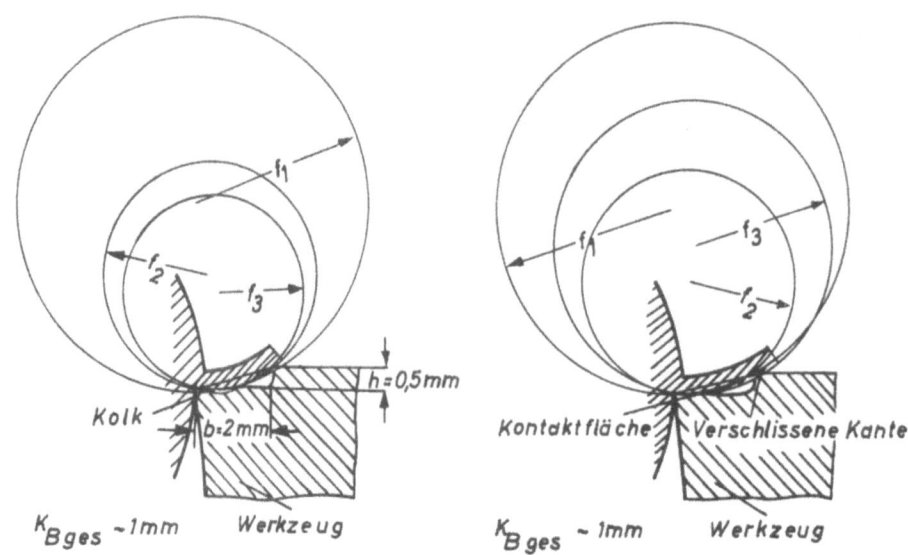

Spanfläche: Starker Kolkverschleiß   Spanfläche: Geringer Kolkverschleiß:

Abbildung 21

Spanablauf und Spanfließkreis bei verschiedenem Verschleißzustand der Spanfläche

die hier die primäre Aufgabe hat, den Span zu rollen. Nach längerer Drehzeit verschleißt diese Kante. Die Spankrümmung wird dadurch größer (Fließkreisradius $f_3$).

Der im vorangegangenen gezeigte Zusammenhang zwischen Kolkform und Spanform wird in Abbildung 22 noch deutlicher.

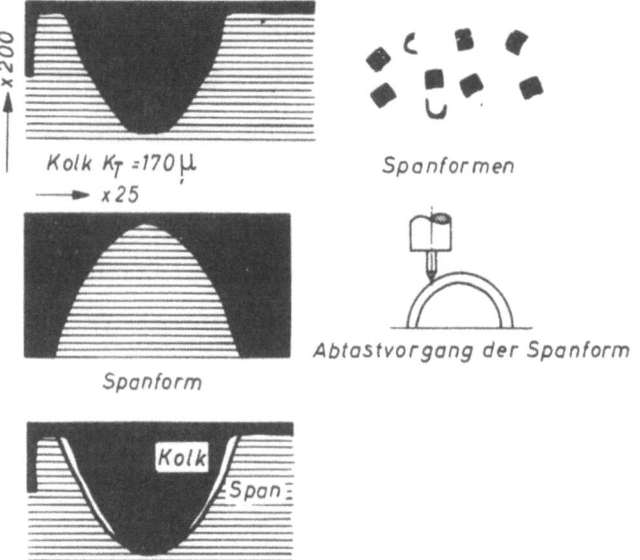

Abbildung 22

Kolkausbildung und Spanform nach 20 min Drehzeit bei Stahl C 45

Werkstoff: C 45 N; Werkzeug: Hartmetall P 20  $\alpha = 3°$; $\gamma = 0°$; $\lambda = 0°$

$\varkappa = 45°$; $\varepsilon = 90°$; r = 1 mm; Vorschub: s = 0,71 mm/U; Spantiefe: a = 3 mm

Schnittgeschwindigkeit v = 120 m/min

Außer dem Kolk wurde der Span in seiner äußeren Form abgetastet und die beiden Aufnahmen miteinander verglichen. Man erkennt deutlich, daß der Span durch den Kolk in seiner Form beeinflußt wird.

## 4. Verschleißverhalten der Werkzeuge mit Spanstufe

Um zu untersuchen, wie sich eine eingeschliffene oder geklemmte Spanleitstufe auf den Werkzeugverschleiß auswirkt, wurden Standzeituntersuchungen an Werkzeugen mit und ohne Spanleitstufe durchgeführt und die Ergebnisse miteinander verglichen.

### 4.1 Versuchsdurchführung

Bei den Versuchen wurde die Spantiefe mit a = 2 mm und der Vorschub mit s = 0,32 mm/U konstant gehalten. Die Schnittgeschwindigkeit wurde in den Grenzen von v = 125 bis 210 m/min variiert. Für jeweils vier verschiedene Schnittgeschwindigkeiten wurden die Verschleißmarkenbreite und der Kolkverschleiß gemessen. Aus den Meßpunkten wurden die einzelnen Verschleißgeraden aufgestellt und für die Kriterien von B = 0,2 und 0,4 mm und K = 0,05 und 0,1 Standzeitgeraden ermittelt.

Als Werkzeuge wurden gerade rechte Schruppmeißel mit aufgelöteten Hartmetallplatten der Qualität P 20 verwendet.

Die Schneidengeometrie wurde wie folgt gewählt:

$$\text{Freiwinkel} \quad \alpha = 8°$$
$$\text{Spanwinkel} \quad \gamma = 10°$$
$$\text{Neigungswinkel} \quad \lambda = +4°$$
$$\text{Einstellwinkel} \quad \varkappa = 45°$$
$$\text{Spitzenwinkel} \quad \varepsilon = 90°$$
$$\text{Spitzenradius} \quad r = 0,5 \text{ mm}$$

Die verschiedenen Spanstufenabmessungen beim Drehen mit Spanstufe sind in Tabelle 3 zusammengefaßt.

Die Messung der Verschleißmarkenbreite erfolgte auf einem Werkstattmikroskop mit 40-facher Vergrößerung.

Der Verschleiß auf der Spanfläche wurde mit einem Leitz-Forster-Oberflächentastgerät gemessen. Die Versuche wurden auf einer Zugspindeldrehbank DZ 6 AZ der Firma Loewe durchgeführt. Die Maschine war mit einem Gleichstrommotor zur stufenlosen Einstellung der Schnittgeschwindigkeit über einen Thyratron-Gleichrichter ausgerüstet.

## Tabelle 3

Spanstufenabmessungen für die Standzeituntersuchungen

|  | Spanstufen-breite b mm | Spanstufen-höhe h mm | Spanstufen-radius $r_1$ mm | Spanfließ Kreisradius f mm |
|---|---|---|---|---|
| Eingeschliffene Spanstufe | 1,5 | 0,5 | 0,6 | 2,50 |
| | 2,0 | 0,5 | 0,6 | 4,25 |
| | 2,2 | 0,5 | 0,6 | 5,10 |
| | 2,5 | 0,5 | 0,6 | 6,50 |
| | 2,2 | 0,4 | 0,6 | 6,25 |
| | 2,2 | 0,6 | 0,6 | 4,33 |
|  | Spanstufen-breite $b_k$ mm | Klemmstück-höhe $h_k$ mm | Rücken-winkel $\beta°$ | Spanfließ Kreisradius $f_k$ mm |
| Aufgeklemmter Spanbrecher | 1,3 / 1,5 | 8 | 55 | 2,5 / 2,9 |
| | 2,22 | 8 | 55 | 4,25 |
| | 2,66 | 8 | 55 | 5,10 |
| | 3,38 | 8 | 55 | 6,50 |

## Tabelle 4

Analysen und Zugfestigkeiten der Versuchswerkstoffe

| Werkstoff | Analysen | | | | | | | Zugfestigkeit $\sigma_B$ (kg/mm$^2$) |
|---|---|---|---|---|---|---|---|---|
| | C | Si | Mn | P | S | Cr | Cu | |
| 16MnCr5 | 0,17 | 0,31 | 1,12 | 0,025 | 0,026 | 0,86 | 0,12 | 72,0 |
| Ck 45 | 0,42 | 0,27 | 0,57 | 0,023 | 0,029 | - | 0,12 | 80,0 |
| C 60 | 0,59 | 0,47 | 0,77 | 0,022 | 0,028 | 0,12 | - | 83,5 |

### 4.2 Versuchswerkstoffe

In Tabelle 4 sind die Analysen und Zugfestigkeiten der Versuchswerkstoffe zusammengestellt.

In den Abbildungen 23 bis 25 sind die Gefügeaufnahmen der Versuchswerkstoffe wiedergegeben.

Der Werkstoff 16MnCr5 zeigt im Längsschliff in 200-facher Vergrößerung ein normales ferritisch-perlitisches Gefüge mit geringer Zeiligkeit.

Der Werkstoff Ck 45 weist innerhalb der Austenitkristalle Ferritausscheidungen auf, die auf eine nicht gleichmäßige Normalglühung schließen lassen. Abbildung 24 zeigt das teilweise Widmanstätten'sche Gefüge des Stahles.

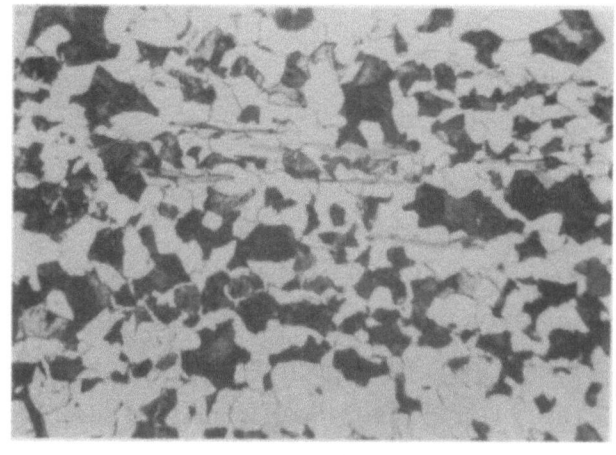

x 200

**A b b i l d u n g   23**
Gefüge des Werkstoffes 16MnCr5

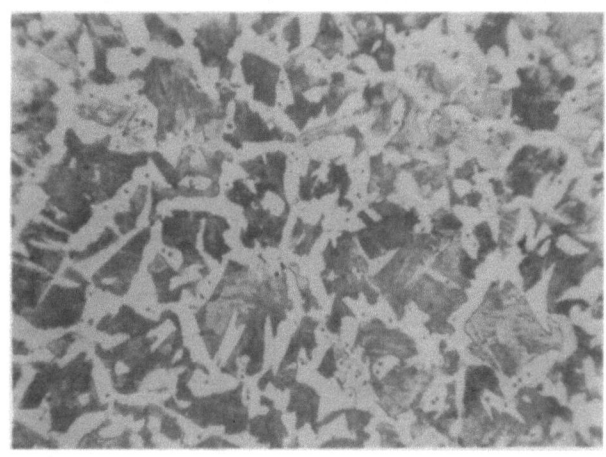

x 100

**A b b i l d u n g   24**
Gefüge des Versuchswerkstoffes Ck 45

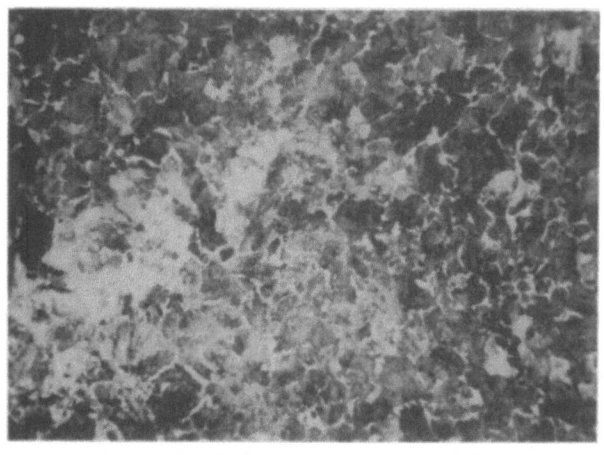

x 200

**A b b i l d u n g   25**
Gefüge des Versuchswerkstoffes C 60

Der Stahl C 60 (Abb. 25) besitzt ein normales ferritisch-perlitisches Gefüge.

## 4.3 Versuchsergebnisse

### 4.31 Werkstoff 16MnCr5

In Abbildung 26 rechts sind die Standzeitkurven für den Kolkverschleiß bei der Bearbeitung des Werkstoffes 16 MnCr 5 ohne Spanstufe sowie mit verschiedenen eingeschliffenen Spanstufen verglichen. Die Spanstufenhöhe wurde hierbei zunächst mit h = 0,5 mm konstant gehalten. Dabei zeigte sich, daß sich bei den Werkzeugen ohne Spanstufe etwas höhere Standzeitwerte erzielen ließen, während sich bei den Werkzeugen mit verdenen Spanleitstufen etwa gleiche Standzeitwerte ergaben.

Das entsprechende Diagramm für den Freiflächenverschleiß zeigt Abbildung 26 links. Auch hier ergeben sich für das Werkzeug ohne Spanleitstufe wiederum etwas höhere Standzeiten als für die Werkzeuge mit Spanstufen.

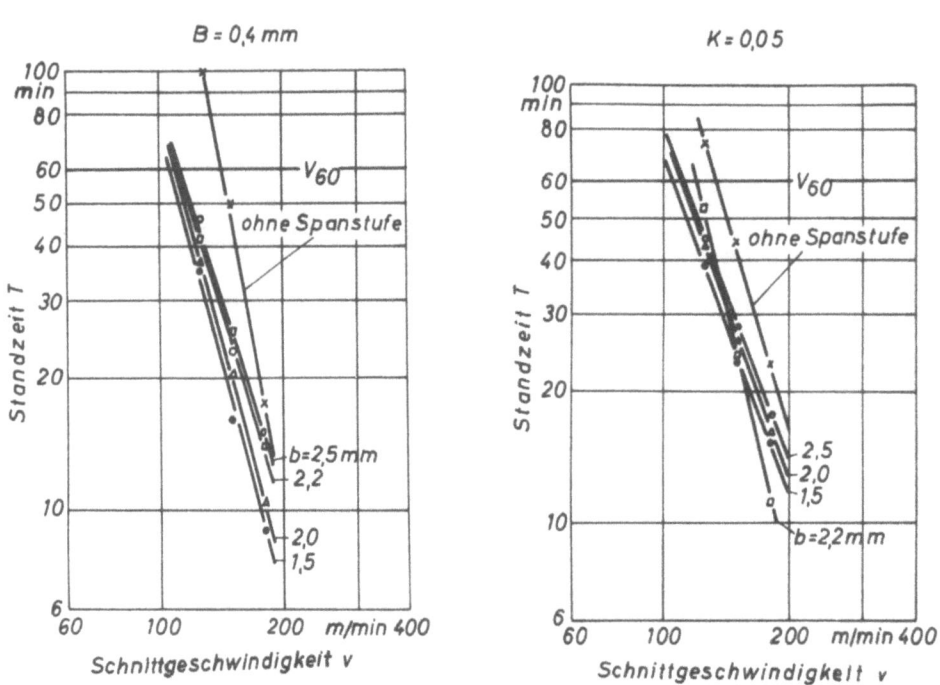

Abbildung 26

Standzeitvergleich für verschiedene Spanstufenabmessungen
(Variation der Spanstufenbreite)

Werkstoff: 16MnCr5; Werkzeug: Hartmetall P 20 $\alpha = 8°$; $\gamma = 10°$; $\lambda = + 4°$; $\varkappa = 45°$; $\varepsilon = 90°$; r = 0,5 mm; Spanstufenhöhe: h = 0,5 mm; Spanquerschnitt: $a \cdot s = 2 \cdot 0,32 \text{ mm}^2$

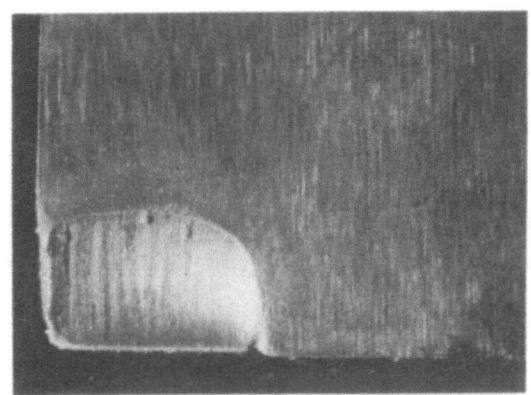
ohne Spanstufe

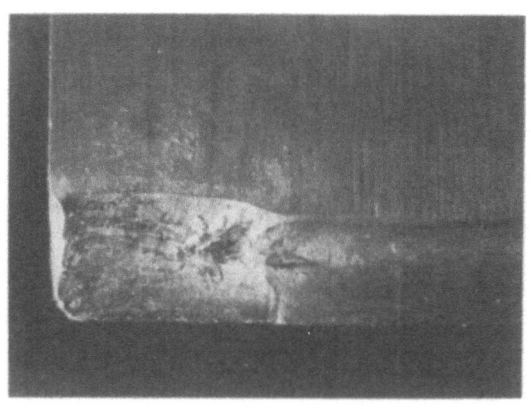
b = 1,5 mm

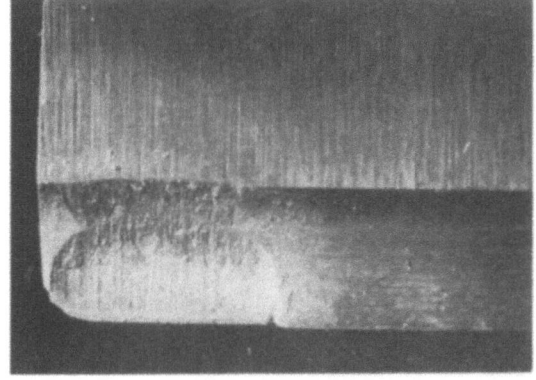
b = 2.0 mm

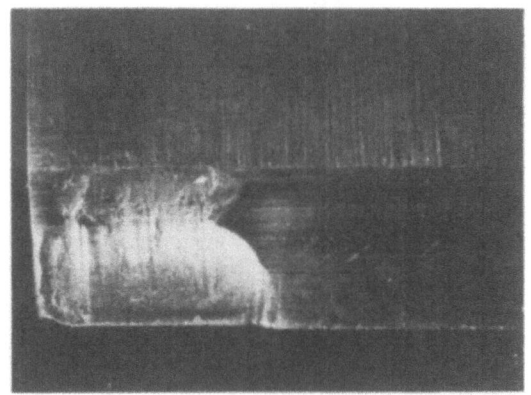
b = 2,2 mm

b = 2,5 mm

v = 120 m/min
s = 0,32 mm/U
a = 2 mm
T = 40 min

Abbildung 27
Ausbildung des Kolkes bei verschiedenen Spanstufenabmessungen

Die Spanleitstufe übt, wie eingangs gezeigt, einen starken Einfluß auf die Spanformung aus. Je nach Spanstufenbreite weist der ablaufende Span unterschiedliche Kontaktlängen auf der Spanfläche auf, so daß der Kolkmittenabstand ebenfalls unterschiedlich wird. In den Abbildungen 27a - e sind für gleiche Drehzeiten und Schnittgeschwindigkeiten die Spanflächen von Drehwerkzeugen mit unterschiedlichen Spanstufenabmessungen gegenübergestellt. Die Aufnahmen zeigen, daß sich die Kontaktfläche mit den Abmessungen der Spanstufe ändert. In Abbildung 28 sind die sich daraus ergebenden Veränderungen des Kolkmittenabstandes graphisch dargestellt. Es ist zu ersehen, daß der Kolkmittenabstand bei abnehmender Spanstufenbreite kleiner wird. Die Kolktiefe $K_T$ dagegen änderte sich im vorliegenden Falle nur unwesentlich, so daß mit kleiner werdender Spanstufenbreite das vorgegebene Verhältnis $K_T/K_M$ = const. früher erreicht ist.

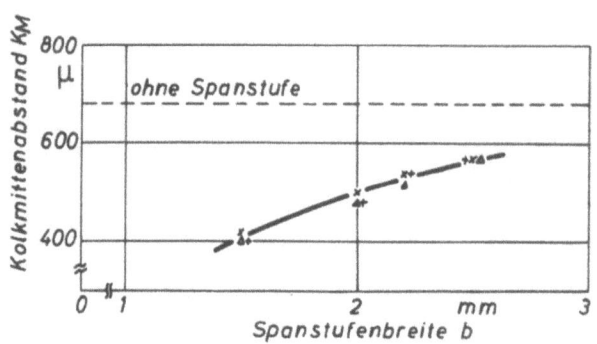

A b b i l d u n g   28

Kolkmittenabstand $K_M$ in Abhängigkeit von der Spanstufenbreite

Werkstoff: 16MnCr5; Spanquerschnitt: a·s=2.0,32 mm$^2$

Schnittgeschwindigkeit: x v = 125 m/min; Δ v = 150 m/min; + v = 180 m/min

Um den Einfluß der Spanstufenhöhe auf die Standzeit zu erfassen, wurden Versuche mit veränderter Spanstufenhöhe zwischen h = 0,4 und 0,6 mm bei konstanter Spanstufenbreite b durchgeführt. Die Standzeitdiagramme in Abbildung 29 zeigen, daß der Freiflächenverschleiß durch Veränderung der Spanstufenhöhe bei gegebener Breite nur unwesentlich beeinflußt wird, der Spanflächenverschleiß jedoch entsprechend der stärkeren Spankrümmung mit wachsender Spanstufenhöhe wiederum zunimmt.

Weiterhin wurden Standzeitversuche mit geklemmten Spanbrechern bei folgenden Spanstufenabmessungen durchgeführt:

| Spanstufenbreite $b_K$ (mm) | Rückenwinkel $\beta_K$ (°) | theoret. Spanfließkreisradius $f_K$ (mm) |
|---|---|---|
| 1,5 | 55 | 2,9 |
| 2,22 | 55 | 4,25 |
| 2,66 | 55 | 5,1 |
| 3,38 | 55 | 6,5 |
| ohne | - | ∞ |

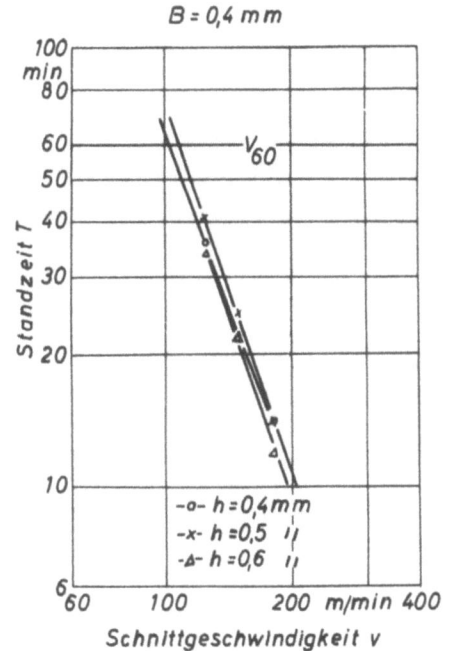 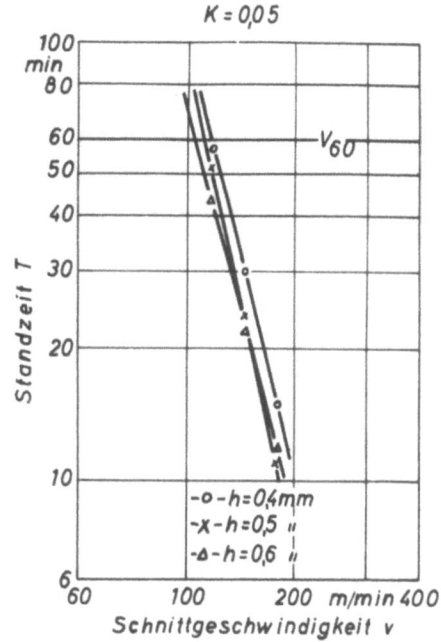

**A b b i l d u n g   29**

Standzeitvergleich für verschiedene Spanstufenabmessungen

(Variation der Spanstufenhöhe)

Werkstoff: 16MnCr5; Werkzeug: Hartmetall P 20 $\alpha = 8°$; $\gamma = 10°$; $\lambda = +4°$;
$\varkappa = 45°$; $\varepsilon = 90°$; $r = 0,5$ mm

Spanstufenbreite: $b = 2,2$ mm; Spanquerschnitt: $a \cdot s = 2 \cdot 0,32$ mm$^2$

Die Spanstufenbreite $b_K$ wurde so gewählt, daß in Anlehnung an die Versuche mit eingeschliffener Spanstufe vergleichbare theoretische Spanfließkreisradien vorlagen. Als kleinstmögliche Spanstufenbreite bei den gegebenen Schnittbedingungen wurde $b_K = 1,5$ mm ermittelt, da bei geringeren Abmessungen in allen Fällen starkes Rattern auftrat. In Abbildung 30 sind die für die Werkzeuge mit aufgeklemmtem Spanbrecher ermittelten Standzeitgeraden für eine Verschleißmarkenbreite von 0,4 mm und einem Kolkverhältnis von $K = 0,05$ wiedergegeben. Der Freiflächenverschleiß wird auch hier wiederum von den Spanstufenabmessungen nur unwesentlich beeinflußt. Der Standzeitabfall bei dem Drehmeißel mit einer Spanstufenweite $b_K = 1,5$ mm wird auf Rattererscheinungen zurückzuführen sein, die zeitweilig auftraten. Die Spanstufenbreite von 1,5 mm ist bei den vorliegenden Schnittbedingungen als zu klein anzusprechen, wurde aber in die Versuche mit einbezogen, um auch bei extremen Bedingungen das Standzeitverhalten zu ermitteln. Wenn man den Drehmeißel mit $b_K = 1,5$ mm unberücksichtigt läßt, liegt der Kolkverschleiß für die Drehmeißel mit aufgeklemmtem Spanbrecher gegenüber denen ohne Spanstufe um etwa 11 % höher.

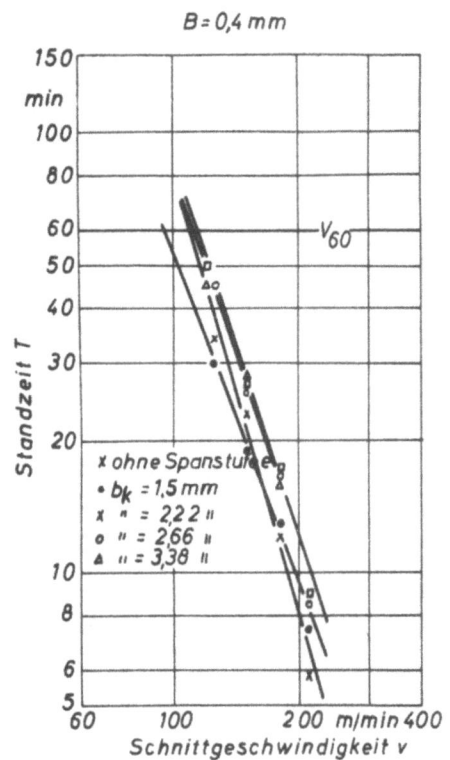
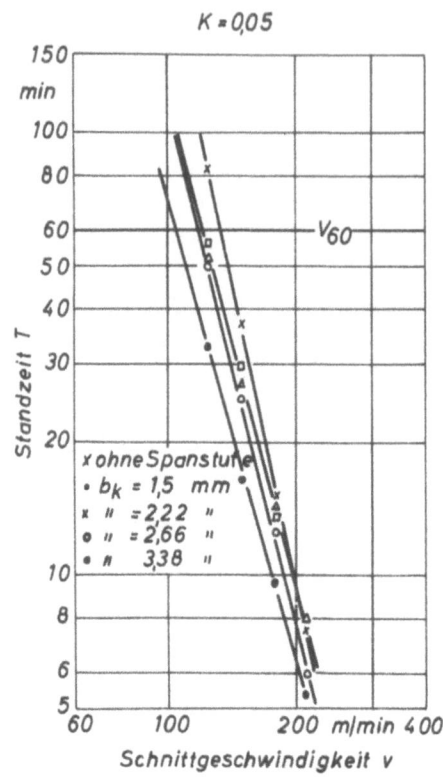

Abbildung 30

Standzeitvergleich für verschiedene Spanstufenabmessungen bei aufgeklemmtem Spanbrecher

Werkstoff: 16MnCr5; Werkzeug: Hartmetall P 20; $\alpha = 8°$; $\gamma = 10°$; $\lambda = +4°$;
$\varkappa = 45°$; $\varepsilon = 90°$; $r = 0,5$ mm; $\beta_K = 55°$;
Spanquerschnitt: $a \cdot s = 2 \cdot 0,32$ mm$^2$

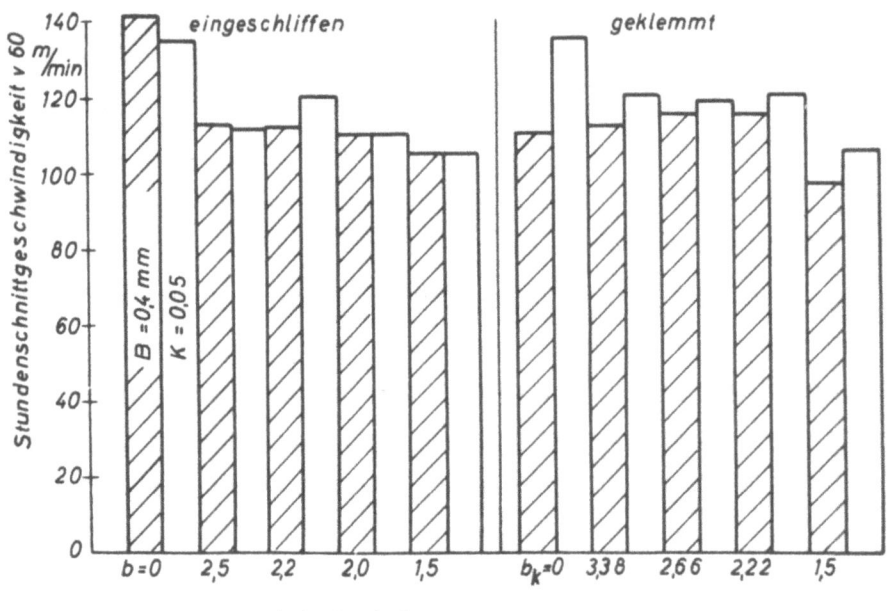

Abbildung 31

Vergleich der Stundenschnittgeschwindigkeiten $v_{60}$ für eingeschliffene und aufgeklemmte Spanstufe

Werkstoff: 16MnCr5; Spanquerschnitt $a \cdot s = 2 \cdot 0,32$ mm$^2$

In Abbildung 31 sind die Stundenschnittgeschwindigkeiten $v_{60}$ für die Werkzeuge mit eingeschliffener und aufgeklemmter Spanstufe noch einmal gegenübergestellt.

### 4.32 Werkstoff Ck 45

Um auch bei einem stärker kolkenden Werkstoff den Einfluß einer Spanstufe auf den Verschleiß der Drehwerkzeuge zu ermitteln, wurden Standzeitversuche an dem Vergütungsstahl Ck 45 durchgeführt. Die Ergebnisse sind in Abbildung 32 für Werkzeuge mit eingeschliffener Spanstufe zusammengestellt.

Für den Freiflächenverschleiß ergibt sich durch die Spanstufe praktisch keine Beeinflussung der Standzeit (linkes Diagramm). Für den Kolkverschleiß sind jedoch stärkere Standzeitunterschiede zu erkennen (rechtes Bild). In diesem Falle lassen sich jedoch die höchsten Standzeiten mit einem Werkzeug bei einer Spanstufenbreite von b = 2 mm erzielen. Die Werkzeuge mit breiterer Spanstufe sowie das Werkzeug ohne Spanstufe weisen dabei vergleichbare Standzeiten auf, die jedoch um etwa 40 % niedriger liegen als für das Werkzeug mit einer Spanstufenbreite von 2 mm. Das Werkzeug mit einer Spanstufenbreite von 1,5 mm ordnet sich dazwischen ein.

In Abbildung 33 sind die Abtastdiagramme der Spanflächen bei verschiedenen Spanstufenbreiten sowie ohne Spanstufe gegenübergestellt. Es ist zu erkennen, daß der Kolkmittenabstand mit zunehmender Spanstufenbreite größer wird.

Bei dem Werkstoff Ck 45 handelt es sich, im Gegensatz zu dem Werkstoff 16MnCr5, um einen stark kolkenden Werkstoff, d.h. die Kolktiefe ist absolut wesentlich größer. Durch die Spanleitstufe wird der Span stärker gebogen, so daß auch hier mit abnehmender Spanstufenbreite der Kolkmittenabstand geringer wird. Jedoch wird durch die starke Krümmung des Spanes ein Teil der Schnittkraft vom Spanstufenrücken aufgenommen, so daß sich anscheinend die spezifische Belastung an der Kontaktfläche mit geringerer Spanstufenbreite verringert. Hierdurch ließen sich die kleineren Kolktiefen bei geringeren Spanstufenbreiten erklären.

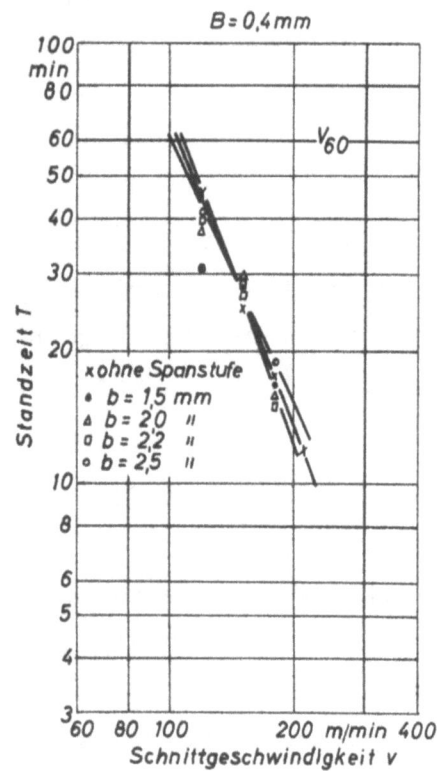 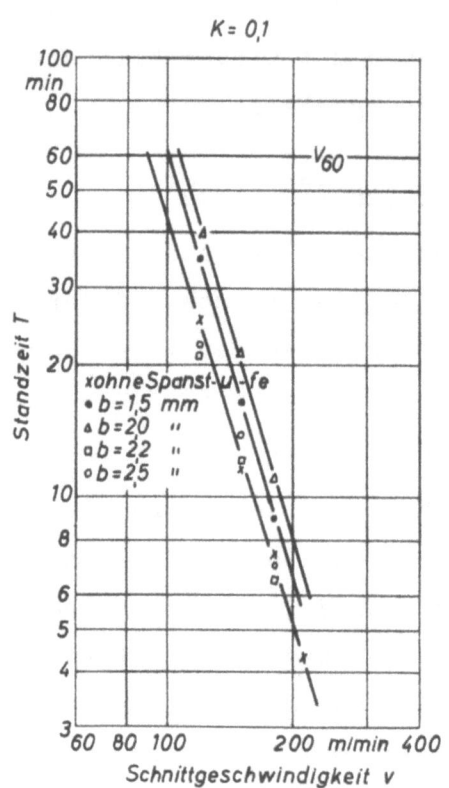

Abbildung 32

Standzeitvergleich für verschiedene Spanstufenabmessungen bei eingeschliffener Spanstufe (Variation der Spanstufenbreite)

Werkstoff: Ck 45; Werkzeug: Hartmetall P 20; $\alpha = 8°$; $\gamma = 10°$; $\lambda = +4°$;
$\varkappa = 45°$; $\varepsilon = 90°$; $r = 0,5$ mm

Spanstufenhöhe: $h = 0,5$ mm; Spanquerschnitt: $a \cdot s = 2 \cdot 0,32$ mm$^2$

### 4.33 Werkstoff C 60

Versuche an Stahl C 60 führten zu ähnlichen Ergebnissen wie bei Ck 45. In Abbildung 34 sind die Abtastdiagramme der Spanflächen und die entsprechenden Aufnahmen von Span- und Freifläche der verwendeten Werkzeuge dargestellt. Auch hier ändern sich der Kolkmittenabstand und die Kolktiefe mit den Spanstufenabmessungen. Es wurde jedoch jeweils nur eine Schnittgeschwindigkeit mit Werkzeugen mit eingeschliffener Spanstufe untersucht. In Abbildung 35 sind die Standzeiten für die Verschleißkriterien B = 0,4 mm und K = 0,1 bei einer Schnittgeschwindigkeit von v = 100 m/min in Säulendarstellung wiedergegeben. Der Freiflächenverschleiß wird auch hier wiederum von den Spanstufenabmessungen nur wenig beeinflußt. Die Kolkstandzeit liegt mit T = 13 min für das Werkzeug ohne Spanstufe am niedrigsten.

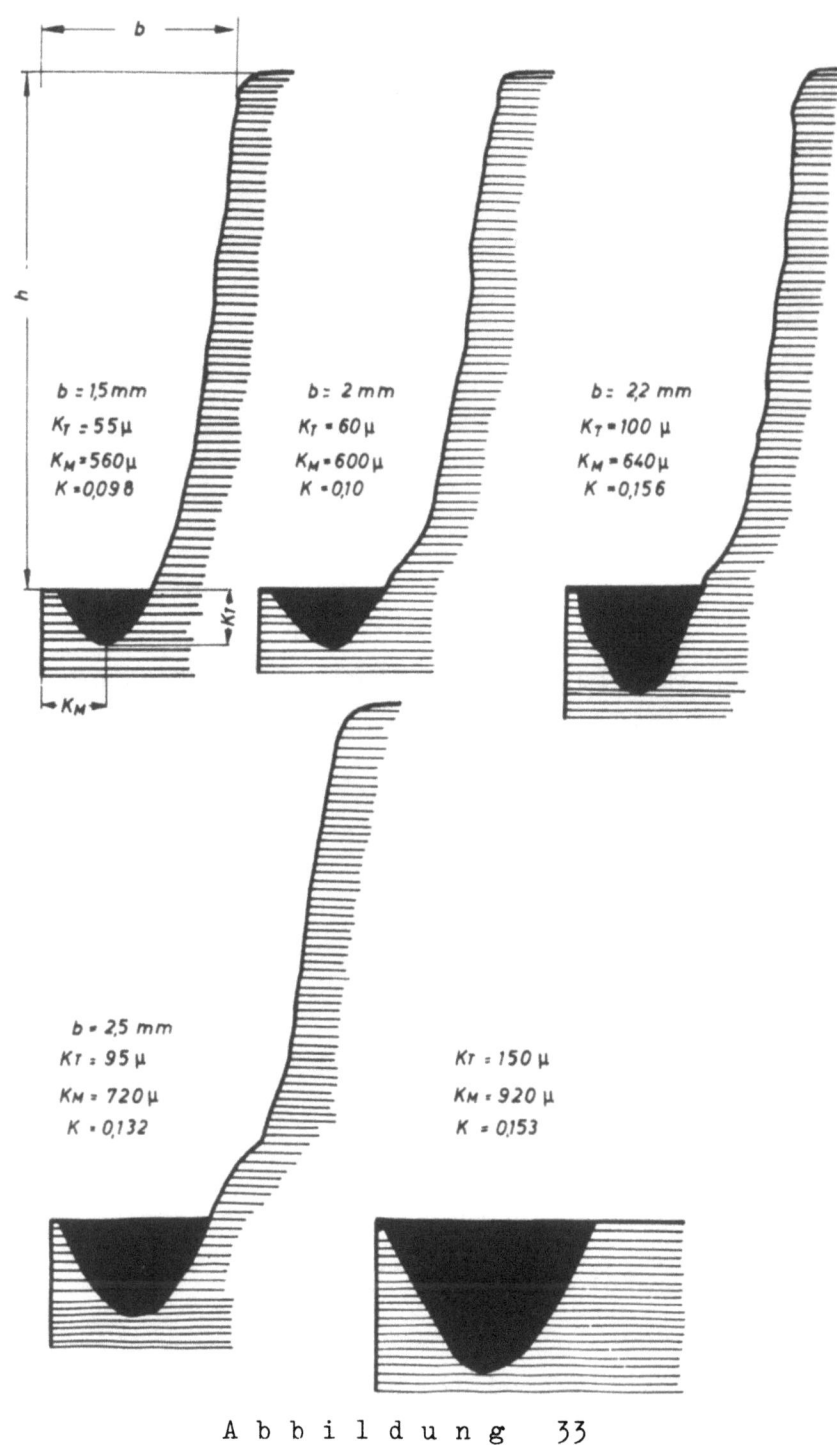

Abbildung 33

## 5. Schnittkraftmessungen

Weiterhin wurde der Einfluß der Spanstufenabmessungen auf die Schnittkräfte untersucht. Die Werkzeuge wurden im frisch geschliffenen Zustand eingesetzt. Die Schneidengeometrie war die gleiche wie bei den Verschleißmessungen. Als Schnittkraftmesser diente ein Drei-Komponenten-Meßstahlhalter, System Opitz.

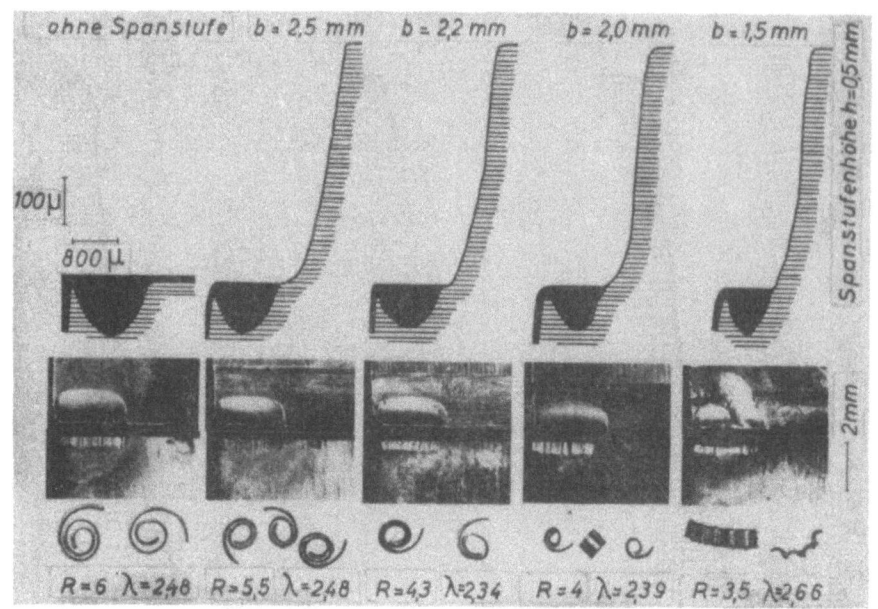

**A b b i l d u n g   34**

Verschleiß und Spanformen bei verschiedenen Spanstufenabmessungen nach
25 min Drehzeit bei Stahl C 60

Werkstoff: C60N; Schnittgeschwindigkeit: v=100 m/min; Vorschub: s=0,32 mm/U

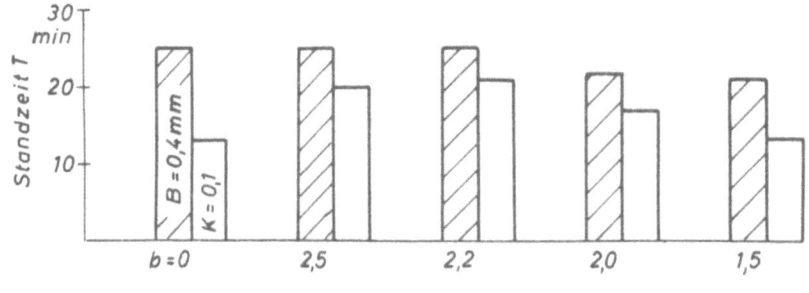

**A b b i l d u n g   35**

Standzeitvergleich für verschiedene Spanstufenabmessungen

Werkstoff: C 60; v = 100 m/min; h = 0,5 mm

In den Abbildungen 36 bis 39 sind die Hauptschnittkräfte und Abdrängkräfte als Funktion der Spandicke $h_1$ für die Werkstoffe 16MnCr5 und Ck 45 bei unterschiedlicher Spanstufenabmessung der Drehmeißel dargestellt. Die Abdrängkraft $P_4$ ergibt sich als Resultierende der Vorschubkraft $P_2$ und der Rückkraft $P_3$. Die Schnittkräfte zeigen auch bei Anwendung von Spanstufen den üblichen Verlauf in Abhängigkeit von der Spandicke. Die Hauptschnittkräfte unterscheiden sich für die einzelnen Spanstufen nur wenig und sind deshalb in einem Streuband eingezeichnet. Im Gegensatz zu der Hauptschnittkraft liegt die Abdrängkraft für die kleinste Spanstufe mit b = 1,5 mm für beide untersuchten Werkstoffe um rund 50 % höher als die Abdrängkräfte der Drehmeißel mit b = 2,0; 2,2 und 2,5 mm und ohne Spanstufe.

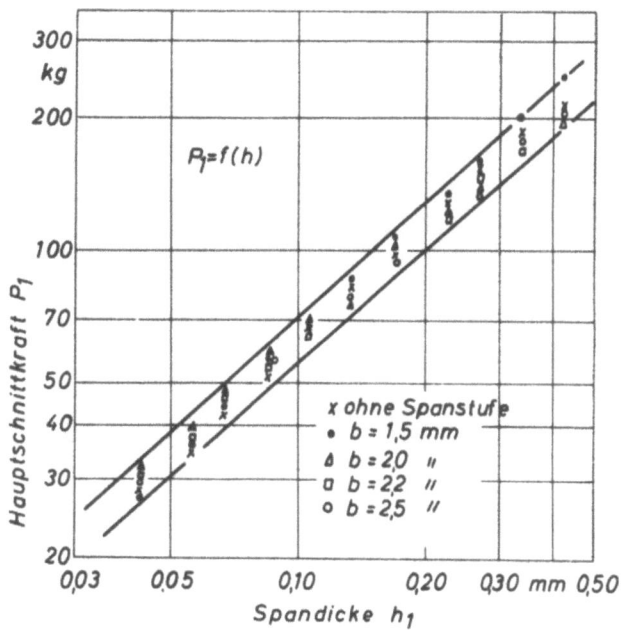

Abbildung 36

Abhängigkeit der Hauptschnittkraft von der Spandicke
für verschiedene Spanstufenbreiten

Werkstoff: 16MnCr5; Werkzeug: Hartmetall P 20; $\alpha = 8°$; $\gamma = 10°$; $\lambda = +4°$;
$\varkappa = 45°$; $\varepsilon = 90°$; $r = 0,5$ mm; $h = 0,5$ mm; $a = 2$ mm; $v = 150$ m/min

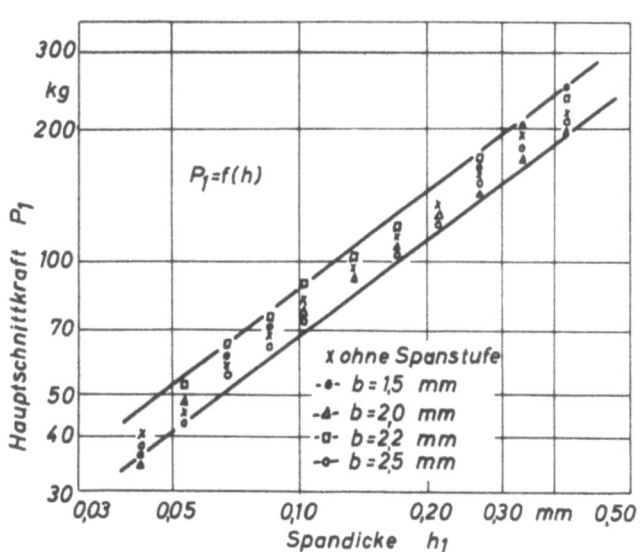

Abbildung 37

Abhängigkeit der Hauptschnittkraft von der Spandicke für verschiedene
Spanstufenbreiten

Werkstoff: Ck 45; Werstoff: Hartmetall P 20; $\alpha = 8°$; $\gamma = 10°$; $\lambda = +4°$;
$\varkappa = 45°$; $\varepsilon = 90°$; $r = 0,5$ mm; $h = 0,5$ mm; $a = 2$ mm; $v = 120$ m/min

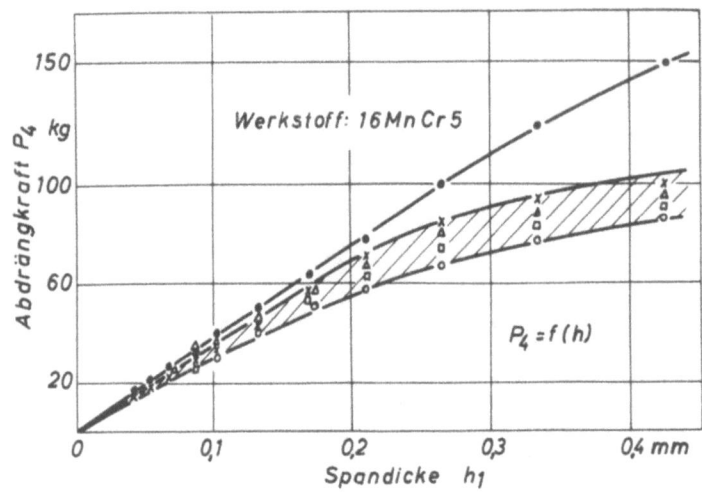

Abbildung 38

Abdrängkraft $P_4$ als Funktion der Spandicke $h_1$

x ohne Spanstufe • b = 1,5 mm ▲ b = 2,0 mm ◻ b = 2,2 mm ○ b = 2,5 mm

Werkstoff: 16MnCr5; Werkzeug: Hartmetall P 20; $\alpha = 8°$; $\gamma = 10°$; $\lambda = +4°$;
$\varkappa = 45°$; $\varepsilon = 90°$; r = 0,5 mm; h = 0,5 mm; a = 2 mm; v = 150 m/min

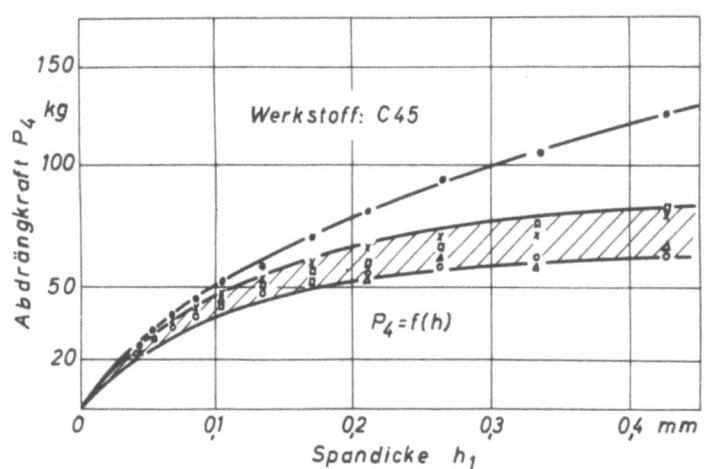

Abbildung 39

Abdrängkraft $P_4$ als Funktion der Spandicke $h_1$

x ohne Spanstufe • b = 1,5 mm ▲ b = 2,0 mm ◻ b = 2,2 mm ○ b = 2,5 mm

Werkstoff: Ck 45; Werkzeug: Hartmetall P 20; $\alpha = 8°$; $\gamma = 10°$; $\lambda = +4°$;
$\varkappa = 45°$; $\varepsilon = 90°$; r = 0,5 mm; h = 0,5 mm; a = 2 mm; v = 150 m/min

Die bei den Schnittkraftmessungen ermittelten Spanstauchungswerte sind
in den Abbildungen 40 und 41 in Abhängigkeit vom Vorschub dargestellt.
Auch hier ist der übliche Kurvenverlauf gegeben, wobei die Spanstauchung
für den Meißel mit b = 1,5 mm die höchsten Werte zeigt. Die Spanstauchungen für die restlichen untersuchten Drehwerkzeuge weisen untereinander
keine großen Abweichungen auf.

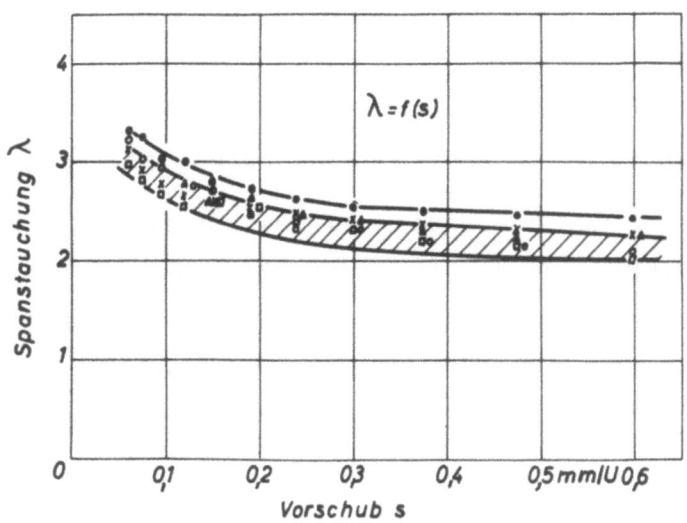

**A b b i l d u n g   40**

Spanstauchung λ als Funktion des Vorschubs

x ohne Spanstufe • b = 1,5 mm ▲ b = 2,0 mm ▫ b = 2,2 mm ○ b = 2,5 mm

Werkstoff: 16MnCr5; Werkzeug: Hartmetall P 20; α = 8°; γ = 10°; λ = +4°;
ϰ = 90°; r = 0,5 mm; h = 0,5 mm; a = 2 mm; v = 150 m/min

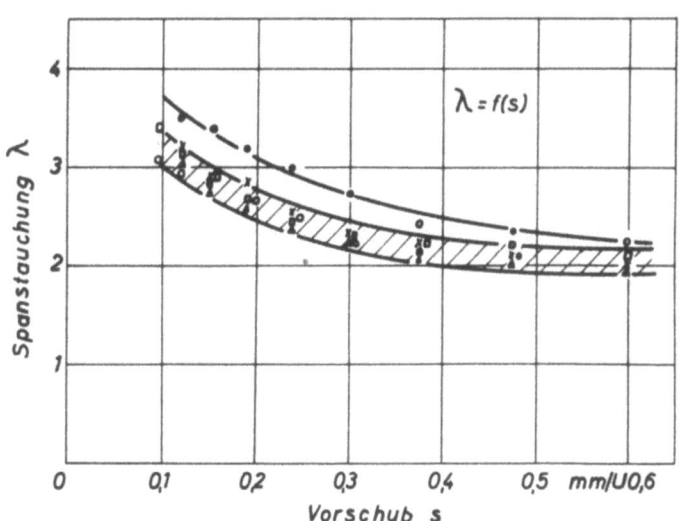

**A b b i l d u n g   41**

Spanstauchung λ als Funktion des Vorschubs

x ohne Spanstufe • b = 1,5 mm ▲ b = 2,0 mm ▫ b = 2,2 mm ○ b = 2,5 mm

Werkstoff: Ck 45; Werkzeug: Hartmetall P 20; α = 8°; γ = 10°; λ = +4°;
ϰ = 45°; ε = 90°; r = 0,5 mm; h = 0,5 mm; a = 2 mm; v = 150 m/min

## 6. Zusammenfassung

Nach den vorliegenden Untersuchungen der Spanformung durch Spanbrecher beim Drehen mit Hartmetallwerkzeugen kann folgendes festgestellt werden:

Zur ersten Bestimmung der Spanstufe und des Spanablaufes kann man das Verfahren von HENRIKSEN und die für aufgeklemmte Spanbrecher angegebenen Spanformen-Diagramme anwenden. Aus den Untersuchungen geht jedoch hervor, daß mit zunehmendem Verschleiß des Werkzeuges die Spanform stark geändert wird und ein völlig anderer Spanablauf eintritt.

Die Standzeituntersuchungen haben gezeigt, daß der Freiflächenverschleiß durch die Anbringung einer Spanstufe bei den untersuchten Werkstoffen nur wenig, der Verschleiß auf der Spanfläche je nach Werkstückstoff jedoch stärker beeinflußt wird.

Bei der Anwendung eingeschliffener Spanleitstufen sind die Hauptschnittkräfte unabhängig von den Spanstufenabmessungen. Für Spanstufenbreiten unter 2,0 mm ergeben sich bei dem angewandten Vorschub höhere Abdrängkräfte. Dies gilt sinngemäß auch für die Spanstauchung.

Bei Anwendung von Hartmetallmeißeln ohne Spanstufe ist bei der Bearbeitung von langspanenden Werkstoffen infolge der ungünstigen Spanformen keine Gewähr für wirtschaftliches Arbeiten gegeben. Der Nachteil eines möglichen geringen Standzeitabfalles wird durch die Erreichung einer günstigen Spanform bei Anwendung eines Spanbrechers zumindest aufgewogen. Für zähe Werkstoffe ist die Spanstufe dabei unumgänglich.

Prof. Dr.-Ing. Herwart OPITZ<br>
Dipl.-Ing. Helmut ROHDE<br>
Dipl.-Ing. Wilfried KÖNIG

## 7. Literaturverzeichnis

[1] SCHALLBROCH-BETHMANN — Kurzprüfverfahren der Zerspanbarkeit
B.G. Teubner Verlag, Leipzig (1950)

[2] LANG, M. — Spanformer und Spanablaufstufen zur Erzeugung kurzstückiger Späne beim Drehen von Metallen
Werkstatt und Betrieb; Vol.80 (1947) Nr. 9

[3] HEMSCHEIDT, H. — Bedeutung und Herstellung der Spanformstufe in Hartmetallwerkzeugen
Werkstattstechnik und Werksleiter; XXXVII Jg.; (1943) Heft 3/4; S. 62-64

[4] HEMSCHEIDT, H. — Die Spanformen bei der Drehbearbeitung von Stahl mit Hartmetallwerkzeugen. Möglichkeiten zur Beeinflussung von Stahl mit Hartmetallwerkzeugen. Die Erzielung günstiger Spanformen bei der Drehbearbeitung von Stahl mit Hartmetallwerkzeugen
Techn. Zentralblatt prakt. Metallbearb. 51 (1941) Nr. 13/14, S. 408/414; Nr. 15/16 S. 461/467; Nr. 17/18 S. 513/517; Nr. 19/20 S. 569/575;

[5] HENRIKSEN, E.K. — Geklemmte Spanbrecher - Vorteile und Konstruktionen
Ind.Anz. 77 Jg. Nr. 85; 25.Okt. 1955

[6] HENRIKSEN, E.K. — Chip-Breaker Dimensions are Critical in Taming Chips
Am. Machinist, 26.4.1954

[7] HENRIKSEN, E.K. — Balanced Design will fit the Chip Breaker to the Job
American Machinist; Special Report Number 360

[8] HENRIKSEN, E.K. — Chip Breaking - a Study of three-dimensional Chip Flow
ASME Paper No. 53

[ 9] TEN HORN, B. und R.A. SCHÜRMANN  
Spanformgebung beim Drehen mit Hartmetall  
Microtecnic Vol. IX Nr. 1

[10] ROHDE, H.  
Spanformen beim Drehen mit Hartmetallwerkzeugen  
Klepzig Fachberichte, Heft 3 (1959)

[11] BICKEL,  
Die Beherrschung der Spanform beim Drehen  
Microtecnic Nr. 6, Band XI; Dez. 1957

[12] BERMAN, A.K.  
Spanbrechernuten an Drehstählen  
Stanki i instrument (1957) Nr. 6; S. 35/36

[13] HOLSTROM, B.  
Chip Curler Chart  
American Machinist, 5. Juli 1945

[14] MEKENNA, P.M.  
Breaker grooves for Carbide Tools  
American Machinist, 12. Juni 1940

[15] MÜLLER, E.  
Die Beherrschung der Spanform beim Drehen  
WT + MB; Juni 1957

[16] ROHDE, H.  
Spanformen beim Drehen  
Ind. Anz. Nr. 89; 6. Nov. 1956 und Dez. 1956

# FORSCHUNGSBERICHTE DES LANDES NORDRHEIN-WESTFALEN

Herausgegeben durch das Kultusministerium

## MASCHINENBAU

**HEFT 45**
*Losenhausenwerk Düsseldorfer Maschinenbau AG., Düsseldorf*
Untersuchungen von störenden Einflüssen auf die Lastgrenzenanzeige von Dauerschwingprüfmaschinen
*1953, 36 Seiten, 11 Abb., 3 Tabellen, DM 7,25*

**HEFT 77**
*Meteor Apparatebau Paul Schmeck GmbH., Siegen*
Entwicklung von Leuchtstoffröhren hoher Leistung
*1954, 46 Seiten, 12 Abb., 2 Tabellen, DM 9,15*

**HEFT 100**
*Prof. Dr.-Ing. H. Opitz, Aachen*
Untersuchungen von elektrischen Antrieben, Steuerungen und Regelungen an Werkzeugmaschinen
*1955, 166 Seiten, 71 Abb., 3 Tabellen, DM 31,30*

**HEFT 136**
*Dipl.-Phys. P. Pilz, Remscheid*
Über spezielle Probleme der Zerkleinerungstechnik von Weichstoffen
*1955, 58 Seiten, 19 Abb., 2 Tabellen, DM 11,50*

**HEFT 147**
*Dr.-Ing. W. Rudisch, Unna*
Untersuchung einer drehelastischen Elektromagnet-Synchronkupplung
*1955, 82 Seiten, 65 Abb., DM 17,70*

**HEFT 183**
*Dr. W. Bornheim, Köln*
Entwicklungsarbeiten an Flaschen- und Ampullen-Behandlungsmaschinen für die pharmazeutische Industrie
*1956, 48 Seiten, 24 Abb., DM 11,70*

**HEFT 212**
*Dipl.-Ing. H. Spodig, Selm*
Untersuchung zur Anwendung der Dauermagnete in der Technik *1955, 44 Seiten, 25 Abb., DM 9.80*

**HEFT 295**
*Prof. Dr.-Ing. H. Opitz und Dipl.-Ing. H. Axer, Aachen*
Untersuchung und Weiterentwicklung neuartiger elektrischer Bearbeitungsverfahren
*1956, 42 Seiten, 27 Abb., DM 10,30*

**HEFT 298**
*Prof. Dr.-Ing. E. Oehler, Aachen*
Untersuchung von kritischen Drehzahlen, die durch Kreiselmomente verursacht werden
*1956, 50 Seiten, 35 Abb., DM 13,15*

**HEFT 384**
*Prof. Dr.-Ing. H. Opitz, Aachen*
Schwingungsuntersuchungen an Werkzeugmaschinen
*1958, 66 Seiten, 73 Abb., DM 20,40*

**HEFT 412**
*Prof. Dr.-Ing. H. Opitz, Aachen*
Kennwerte und Leistungsbedarf für Werkzeugmaschinengetriebe
*1958, 72 Seiten, 35 Abb., DM 17,20*

**HEFT 506**
*Prof. Dr.-Ing. W. Meyer zur Capellen, Aachen*
Der Flächeninhalt von Koppelkurven. Ein Beitrag zu ihrem Formenwandel
*1958, 74 Seiten, 26 Abb., DM 21,50*

**HEFT 533**
*Prof. Dr.-Ing. H. Opitz und Dipl.-Ing. W. Hölken, Aachen*
Untersuchung von Ratterschwingungen an Drehbänken
*1958, 70 Seiten, 44 Abb., 2 Tabellen, DM 19,70*

**HEFT 606**
*Oberbaurat Prof. Dr.-Ing. W. Meyer zur Capellen, Aachen*
Eine Getriebegruppe mit stationärem Geschwindigkeitsverlauf
*1958, 34 Seiten, 21 Abb., DM 10,50*

**HEFT 631**
*Dr. E. Wedekind, Krefeld*
Der Einfluß der Automatisierung auf die Struktur der Maschinen- und Arbeiterzeiten am mehrstelligen Arbeitsplatz in der Textilindustrie
*1958, 72 Seiten, 32 Abb., 8 Tabellen, DM 21,10*

**HEFT 667**
*Prof. Dr.-Ing. H. Opitz und Dipl.-Ing. H. de Jong, Aachen*
Schwingungs- und Geräuschuntersuchung an ortsfesten Getrieben
*1959, 32 Seiten, 28 Abb., 2 Tabellen, DM 10,30*

**HEFT 668**
*Prof. Dr.-Ing. H. Opitz, Dipl.-Ing. G. Ostermann und Dipl.-Ing. M. Gappisch, Aachen*
Beobachtungen über den Verschleiß an Hartmetallwerkzeugen
*1958, 38 Seiten, 26 Abb., DM 12,—*

**HEFT 669**
*Prof. Dr.-Ing. H. Opitz, Dipl.-Ing. H. Uhrmeister und Dipl.-Ing. K. Jüstel, Aachen*
Aufbau und Wirkungsweise einer Magnetbandsteuerung
*1958, 50 Seiten, 39 Abb., DM 15,—*

**HEFT 670**
*Prof. Dr.-Ing. H. Opitz und Dipl.-Ing. W. Backé, Aachen*
Untersuchung von Kopiersteuerungen
*1959, 70 Seiten, 54 Abb., DM 18,80*

**HEFT 671**
*Prof. Dr.-Ing. H. Opitz, Dr.-Ing. R. Piekenbrink und Dipl.-Ing. K. Honrath, Aachen*
Untersuchungen an Werkzeugmaschinenelementen
*1959, 70 Seiten, 71 Abb., DM 20,—*

**HEFT 672**
*Prof. Dr.-Ing. H. Opitz, Dipl.-Ing. H. Heiermann und Dipl.-Ing. B. Rupprecht, Aachen*
Untersuchungen beim Innenrundschleifen
*1959, 34 Seiten, 50 Abb., DM 11,50*

**HEFT 673**
*Prof. Dr.-Ing. H. Opitz, Dipl.-Ing. H. Obrig und Dipl.-Ing. K. Ganser, Aachen*
Die Bearbeitung von Werkzeugstoffen durch funkenerosives Senken
*1959, 60 Seiten, 41 Abb., 1 Tabelle, DM 18,—*

**HEFT 676**
*Prof. Dr.-Ing. W. Meyer zur Capellen, Aachen*
Harmonische Analyse bei Kurbeltrieben.
I. Allgemeine Zusammenhänge
*1959, 38 Seiten. 10 Abb., DM 11,50*

**HEFT 695**
*Dr.-Ing. W. Herding, München*
Die Fahrdynamik und das Arbeitsspiel gleisloser Erdbaugeräte als Kalkulationsgrundlage für die Bodenförderung und ihre Kosten

**HEFT 718**
*Prof. Dr.-Ing. W. Meyer zur Capellen, Aachen*
Die geschränkte Kurbelschleife
I. Die Bewegungsverhältnisse
*1959, 110 Seiten, 54 Abb., DM 29,20*

**HEFT 764**
*Prof. Dr.-Ing. H. Opitz, Dr.-Ing. H. Siebel und Dipl.-Ing. R. Fleck, Aachen*
Keramische Schneidstoffe
*1959, 30 Seiten, 18 Abb., DM 9,80*

**HEFT 772**
*Prof. Dr.-Ing. W. Meyer zur Capellen*
Nomogramme zur geneigten Sinuslinie
*1959, 28 Seiten, 11 Abb., DM 8,50*

**HEFT 775**
*Prof. Dr.-Ing. H. Opitz*
Automatische Erfassung der Maßabweichung der Werkstücke zum Zweck der selbständigen Korrektur der Maschine
*1959, 38 Seiten, 27 Abb., DM 11,40*

**HEFT 777**
*Prof. Dr.-Ing. H. Opitz und Dipl.-Ing. P.-H. Brammertz, Aachen*
Werkstückgüte und Fertigkeitskosten beim Innen-Feindrehen und Außenrund-Einsteckschleifen
*1959, 92 Seiten, 68 Abb., DM 25,30 —*

**HEFT 788**
*Prof. Dr.-Ing. Herwart Opitz, Aachen*
Der Einsatz radioaktiver Isotope bei Zerspannungsuntersuchungen

**HEFT 794**
*Dipl.-Ing. Reinhard Wilken, Düsseldorf*
Das Biegen von Innenborden mit Stempeln
*1959, 82 Seiten, DM 22,40*

**HEFT 801**
*Baurat Dipl.-Ing. Gesell, Duisburg*
Ersatz von Quarzsand als Strahlmittel

**HEFT 806**
*Prof. Dr.-Ing. H. Opitz u. a., Aachen*
Untersuchungen von Zahnradgetrieben und Zahnradbearbeitungsmaschinen

**HEFT 809**
*Prof. Dr.-Ing. H. Opitz und Dipl.-Ing. H. H. Herold, Aachen*
Untersuchung von elektro-mechanischen Schaltelementen

**HEFT 810**
*Prof. Dr.-Ing. H. Opitz und Dr.-Ing. N. Maas, Aachen*
Das dynamische Verhalten von Lastschaltgetrieben

**HEFT 811**
*Prof. Dr.-Ing. H. Opitz und Dipl.-Ing. H. Bürklin, Aachen*
*Fa. Schoppe & Faeser, Minden, bearbeitet im Auftrage des Forschungsinstitutes für Rationalisierung in Aachen*
Über Weggeber für automatisch gesteuerte Arbeitsmaschinen
*in Vorbereitung*

**HEFT 820**
*Prof. Dr.-Ing. H. Opitz, Dipl.-Ing. H. Rohde und Dipl.-Ing. W. König, Aachen*
Untersuchungen der Spanformung durch Spanbrecher beim Drehen mit Hartmetallwerkzeugen

**HEFT 830**
*Prof. Dr.-Ing. H. Opitz und Dipl.-Ing. W. Backé, Aachen*
Automatisierung des Arbeitsablaufes in der spanabhebenden Fertigung
*in Vorbereitung*

**HEFT 831**
*Prof. Dr.-Ing. H. Opitz, Dr.-Ing. H.-G. Rohs und Dr.-Ing. G. Stute, Aachen*
Statistische Untersuchungen über die Ausnutzung von Werkzeugmaschinen in der Einzel- und Massenfertigung

---

Ein Gesamtverzeichnis der Forschungsberichte, die folgende Gebiete umfassen, kann bei Bedarf vom Verlag angefordert werden:
Acetylen / Schweißtechnik – Arbeitspsychologie und -wissenschaft – Bau / Steine / Erden – Bergbau – Biologie – Chemie – Eisenverarbeitende Industrie – Elektrotechnik / Optik – Fahrzeugbau – Gasmotoren – Farbe / Papier / Photographie – Fertigung – Gaswirtschaft – Hüttenwesen / Werkstoffkunde – Luftfahrt / Flugwissenschaften – Maschinenbau – Medizin / Pharmakologie / Physiologie – NE-Metalle – Physik – Schall / Ultraschall – Schiffahrt – Textiltechnik / Faserforschung / Wäschereiforschung – Turbinen – Verkehr – Wirtschaftswissenschaften.

If you have any concerns about our products,
you can contact us on
**ProductSafety@springernature.com**

In case Publisher is established outside the EU,
the EU authorized representative is:
**Springer Nature Customer Service Center GmbH
Europaplatz 3, 69115 Heidelberg, Germany**

Printed by Libri Plureos GmbH
in Hamburg, Germany